●**確率の基本性質**

・$0 \leqq P(A) \leqq 1$, $P(U)=1$, $P(\phi)=0$

・$P(A\cup B)=P(A)+P(B)-P(A\cap B)$

・余事象の確率　$P(\overline{A})=1-P(A)$

●**確率の乗法定理**

$$P_A(B)=\frac{n(A\cap B)}{n(A)}=\frac{P(A\cap B)}{P(A)}$$

$$P(A\cap B)=P(A)P_A(B)$$

整数の性質

●**最大公約数・最小公倍数**

2つの自然数 a, b の最大公約数を G, 最小公倍数を L とすると,

$a=a'G, b=b'G$ (a', b' は互いに素な自然数)

$ab=GL$

●**互いに素な自然数の性質**

a と b は互いに素な自然数であるとする。

・m, n が自然数で, $ma=nb$ のとき, m は b の倍数であり, n は a の倍数である。

・自然数 n が a の倍数であり, かつ b の倍数であるならば, n は ab の倍数である。

●**余りによる整数の分類**

・2で割った余りによる分類

$2m$, $2m+1$ (m は整数)

・3で割った余りによる分類

$3m$, $3m+1$, $3m+2$ (m は整数)

●**最大公約数の性質**

正の整数 a, b の最大公約数を d とすると, $ax+by=d$ を満たす整数 x, y が存在する。

図形の性質

●**角の2等分線と辺の比**

AB : AC
=BD : DC
=BE : EC

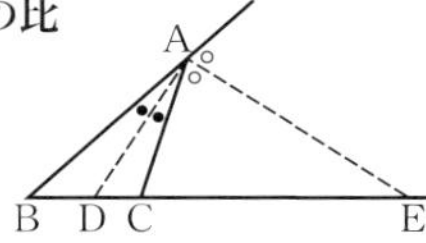

●**三角形の重心・内心・外心・垂心**

・重心 G

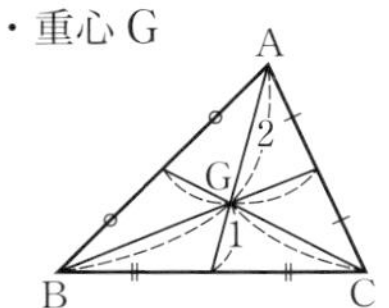

・内心 I

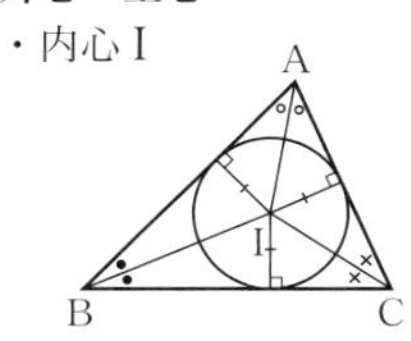

・外心 O

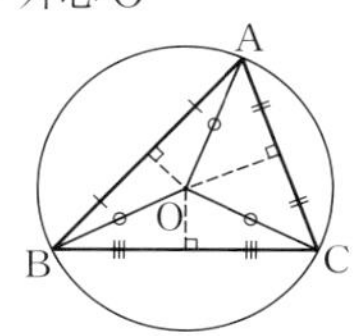

・垂心 H

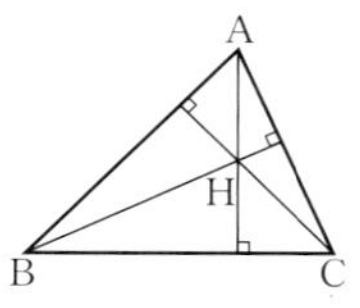

●**メネラウスの定理・チェバの定理**

$$\frac{AP}{PB}\cdot\frac{BQ}{QC}\cdot\frac{CR}{RA}=1$$

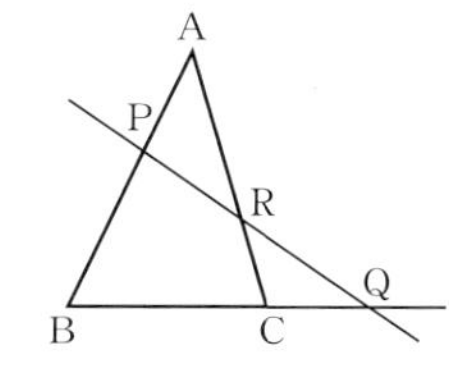

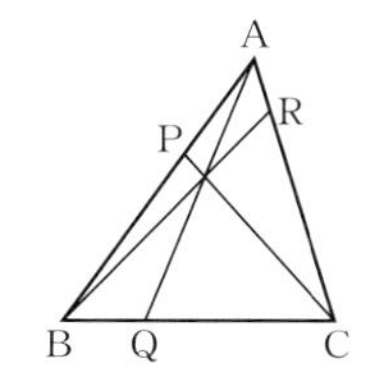

●**円**

・内接する四角形　・接線と弦のなす角

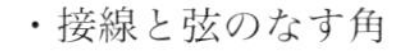

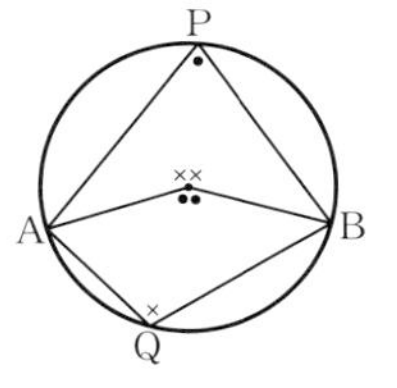

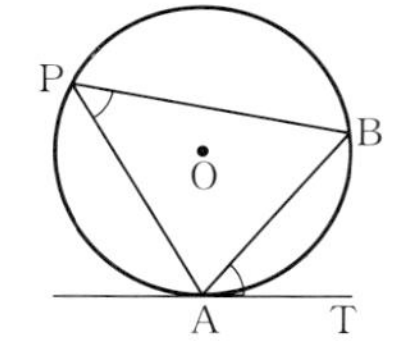

$\angle APB+\angle AQB=180^\circ$　$\angle TAB=\angle APB$

●**方べきの定理**

・A, B, C, D が同一円周上にある。

$\Longleftrightarrow$ PA・PB=PC・PD

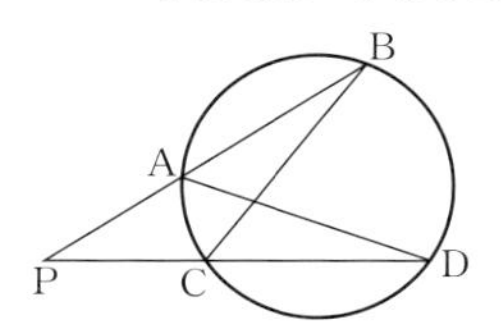

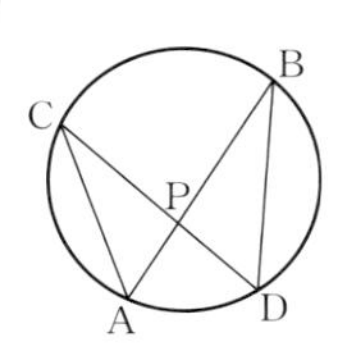

・(右の図で)

PT は円の接線である。

$\Longleftrightarrow$ PT^2=PA・PB

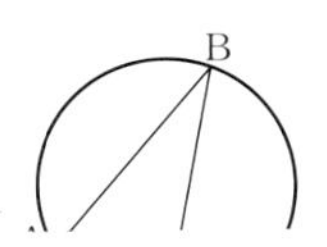

本書の特色

本書は教科書，傍用問題集をひと通り学習している生徒が，大学を受験するために必要となる「数学の本質」を確実に理解し，入試問題に対応できる力を強化するために編集された問題集です．

数学の学習は，つまらない問題を数多く解いてみたところで実力の向上は望めません．

本書は，

- 解くことによって，重要な解法，考え方を修得することのできる問題を厳選すること
- 修得が必要なテーマを整理して問題を掲載すること

を重視して編集しています．

1　最新の入試問題傾向の分析から，各節ごとに“学ぶべきテーマ”，“出題の狙い”を研究し，その演習素材となる問題を厳選していますので，入試に必要な力を効果的に高めることができます．

2　演習の核となる「テーマ別演習問題」は，近年の入試問題のみや，出題大学に囚われることなく，問題のもつ意図を柱にして選んでいます．
※　出題大学名に囚われず，先入観なく問題に取り組んでください．

3　各問題にはテーマやヒントは掲載していません．問題文を如何に読み取り，解法を考えていくかが力がつくための重要な鍛錬だからです．

4　「総合演習」は，テーマ別演習をふまえた，入試実践演習に適した良問を厳選しています．多様な問題への対応力を強化できます．

5　解答は奇をてらったものではなく，身につけておいてほしい標準的なものにしています．

構　成

■テーマ別演習　基本，要点，演習の３つのレベルに分かれています．

基本　各テーマで基本となる考えを学習できる問題
— 入試問題を解くためのウォーミングアップの問題です．(84 問)

要点　各テーマで考えの要（かなめ）となる，絶対にできるようになっておいてほしい問題
— エッセンスだけの入試問題です．(115 問)

演習　合否が決まる問題
— 本書の到達レベルの問題です．(132 問)

■総合演習　テーマの融合された問題を含む入試実践演習です．(50 問)

本書を用いての学習法

ひたすら多くの問題をただ解くだけよりも，確実に使える道具（解法・知識）を身につける方が，（初見の問題にも対応できる）本質的な力がつきます．
この問題集に掲載されているテーマ別演習の問題すべてが確実に解けるようになるまで，何度も繰り返し解き直す学習をすれば，あらゆる入試問題に対応できる力を確実につけることができます．

「演習」問題に必要な要素は「要点」に，「要点」に必要な考え方は「基本」にあります．「基本」が解けない場合には，教科書の「例」・「問」・「公式」などを読み直してみましょう．

本書を用いて演習を行うことで，入試に欠かせない実力を身につけ，万全の態勢で入試に臨むことができることを期待しています．

※問題の主旨を変えない範囲で問題文の表現を変更しているものがあります．
また，問題の主旨を変えたものには，大学名のあとに「改」と表示しています．
※略解および解答編にある解答は，大学が公表したものではありません．

本書編集にあたって，ご協力いただきました先生方には，深くお礼申し上げます．

目　次

1 式の値

基本

1. (1) $2x^3+5x^2+7x+9$ を $2x+3$ で割った余りと商を求めよ.

(2) x^3-x^2+ax+4 を $x+1$ で割った余りが -3 のとき, a の値を求めよ.

(3) x^3-x^2+ax+4 が $x-2$ で割り切れるとき, a の値を求めよ.

2. x の式 $\left(x+\dfrac{1}{x}\right)^8$ を展開して x について整理したときの定数項を求めよ.

3. $x^2+x+1=0$ の解 ω に対して, $\omega^2+\dfrac{1}{\omega^2}$ の値を求めよ.

要点

4. (1) $a(x+1)(x-1)+bx(x+1)+cx(x-1)=7x-1$ が x についての恒等式として成立するとき, 定数 a, b, c の値を求めよ.

(2) $\dfrac{1}{x^3+4x^2+5x+2}=\dfrac{p}{x+2}+\dfrac{q}{x+1}+\dfrac{r}{(x+1)^2}$ が x についての恒等式として成立するとき, 定数 p, q, r の値を求めよ.

(西南学院大・改)

5. 多項式 $P(x)$ を $(x-1)(x+1)$ で割ると $4x-3$ 余り, $(x-2)(x+2)$ で割ると $3x+5$ 余る. このとき, $P(x)$ を $(x+1)(x+2)$ で割ったときの余りを求めよ.

(慶應義塾大)

6. $a \neq 0$ のとき x の式 $(1+x+ax^2)^6$ を展開したときの x^4 の係数は, $a=$ □ のときに最小値 □ をとる.

(上智大)

7. ω を1の虚数立方根とするとき, $\omega^{2n}+\omega^n+1$ の値を求めよ. ただし, n は正の整数とする.

演習

8. $x=1-\sqrt{3}\,i$ のとき，$5x^4+3x^3+22x^2+40$ の値は $\boxed{}$ である．ただし，i は虚数単位とする．（立教大）

9. 整式 $P(x)$ を $(x-3)^2$ で割った余りが $2x-5$ であり，$x-1$ で割った余りが 5 であるとき，$P(x)$ を $(x-1)(x-3)^2$ で割った余りを求めよ．（東京電機大）

10. x の 4 次式 $x^4+ax^3+a^2x^2+a^3x+1$ は x の 2 次式の平方とはならないことを証明せよ．ただし a は一定の実数とする．（お茶の水女子大）

11. 整式 $f(x)$ が x についての恒等式

$$xf(x^2-1)-5f(x)=(x^3+1)f(x-1)-2(x-1)f(x+1)-4x-29$$

を満たすとする．

(1)　$f(x)$ の次数を求めよ．

(2)　$f(x)$ を求めよ．（宮崎大・改）

2 論理と証明

基本

12. 文中の空欄にあてはまるものを下の選択肢①～④のうちから１つ選び，番号で答えよ．

文中の x は実数である．

$$p：x \leqq 2,\ q：x \leqq 0,\ r：-3 \leqq x \leqq 1$$

のとき，q は p であるための□．また，p は r であるための□．

［選択肢］

① 必要十分条件である

② 十分条件であるが必要条件ではない

③ 必要条件であるが十分条件ではない

④ 必要条件でも十分条件でもない

13. $a>2$，$b>-1$ のとき，$ab-2>2b-a$ が成り立つことを示せ．

14. a，b が実数のとき，$a^2+5b^2 \geqq 4ab+2b-1$ が成り立つことを示せ．

要点

15. 次の(1)〜(6)の文中の空欄にあてはまるものを下の選択肢①〜④のうちから1つ選び，番号で答えよ．文中の x，y はともに実数である．

(1)「$x>0$」は「$x \geqq 0$」のための［　　］．

(2)「$x=0$」は「$x^2+y^2=0$」のための［　　］．

(3)「$xy=0$」は「$x=0$ かつ $y=0$」のための［　　］．

(4)「$x^2+y^2=1$」は「$x+y=0$」のための［　　］．

(5)「すべての x について $xy=0$ である」は「$y=0$」のための［　　］．

(6)「$(xy)^2$ が無理数である」は「x または y が無理数である」のための［　　］．

［選択肢］

①　必要十分条件である．

②　十分条件であるが必要条件ではない．

③　必要条件であるが十分条件ではない．

④　必要条件でも十分条件でもない．

（慶應義塾大）

16. 実数係数の3つの2次方程式

$$ax^2+2bx+c=0,\quad bx^2+2cx+a=0,\quad cx^2+2ax+b=0$$

のうち，少なくとも1つは実数解をもつことを証明せよ．

（広島大）

17. どんな実数 x をとっても $x^2-3x+2>0$ または $x^2+ax+1>0$ の，少なくとも一方を満足するような，a の値の範囲を求めよ．

（名古屋市立大）

18. a，b，c を $|a|<1$，$|b|<1$，$|c|<1$ を満たす実数とするとき，次の不等式を証明せよ．

(1)　$ab+1>a+b$　　(2)　$abc+1>a+bc$　　(3)　$abc+2>a+b+c$

（専修大）

演習

19. 次の命題の真偽を述べ，その理由を説明せよ．ただし，$\sqrt{2}$，$\sqrt{3}$，$\sqrt{5}$，$\sqrt{6}$ が無理数であることを用いてよい．

(1) $\sqrt{2}+\sqrt{3}$ は無理数である．

(2) x が実数であるとき，x^2+x が有理数ならば，x は有理数である．

(3) x，y がともに無理数ならば，$x+y$，x^2+y^2 のうち少なくとも一方は無理数である．

（北海道大）

20. a，b，c は $a<b<c$，$a+b+c=0$ を満足する実数とする．このとき，不等式

$$\frac{1}{2} \leqq \frac{a^2+b^2+c^2}{(c-a)^2} < \frac{2}{3}$$

が成り立つことを証明せよ．

（お茶の水女子大）

21. n 個の正の数 a_1，a_2，$\cdots$，a_n がある．ただし $n \geqq 2$ とする．

$$A=a_1+a_2+\cdots+a_n,\quad B=\frac{1}{a_1}+\frac{1}{a_2}+\cdots+\frac{1}{a_n}$$

とおくとき，A，B の少なくとも一方は n より小さくないことを証明せよ．

（早稲田大）

22. A，B，a，b，c，d を実数とする．

(1) 不等式 $\left(\dfrac{A+B}{2}\right)^2 \leqq \dfrac{A^2+B^2}{2}$ を証明せよ．

(2) (1)を利用して，次の不等式を証明せよ．

$$\left(\frac{a+b+c+d}{4}\right)^2 \leqq \frac{a^2+b^2+c^2+d^2}{4}$$

(3) (2)を利用して，次の不等式を証明せよ．

$$\left(\frac{a+b+c}{3}\right)^2 \leqq \frac{a^2+b^2+c^2}{3}$$

（同志社大）

コラム①

入試問題には定番というものが有り，出題されるときはほぼ同じ問題となる．しかし，中には，必ずしも定番ではないのに同じ問題が出題されることもある．

xy 平面上にある正三角形で，その３頂点の x 座標と y 座標がすべて有理数になるものは存在しないことを証明せよ．ただし，$\sqrt{3}$ が無理数であることは証明なしで使ってもよい．　（1978 名古屋大）

xy 平面上の点 $(a,\ b)$ は，a と b がともに有理数のときに有理点と呼ばれる．xy 平面において，３つの頂点がすべて有理点である正三角形は存在しないことを示せ．ただし，必要ならば $\sqrt{3}$ が無理数であることは証明なしで使ってよい．

（1999 大阪大）

1978 年名古屋大の問題と 1999 年大阪大の問題は有名な事実なので違和感はない．

$a>0$ とし，関数 $f(x)$ が $f(x)=\displaystyle\int_0^x \frac{t}{(t+1)(t+a)}dt$，$x>0$ で定義されているとする．

(1)　$g(a)=\displaystyle\lim_{x\to\infty}\{\log(x+1)-f(x)\}$ を求めよ．

(2)　関数 $g(a)$ の $a=1$ での連続性を調べよ．　（1983 早稲田大）

a は $0<a<1$ の実数とする．

(1)　$x>0$ のとき，$F_a(x)=\displaystyle\int_0^x \frac{t}{(t+1)(t+a)}dt$ を求めよ．

(2)　$G(a)=\displaystyle\lim_{x\to\infty}\{F_a(x)-\log x\}$ を求めよ．

(3)　$\displaystyle\lim_{a\to 1} G(a)$ を求めよ．　（1987 筑波大）

1983 年早稲田大の問題と 1987 年筑波大の問題は筑波大の方が a の場合分けが不要な分だけやさしいが，同じ問題である．

3 整数(1)

基本

23. 108を素因数分解すると$2^2\cdot3^3$となるから，108の正の約数は全部で$\square$個あり，それらの正の約数の和は$\square$である．（武蔵工業大）

24. nが2以上の整数のとき，n^3-nは6で割り切れることを示せ．（宮崎大）

25. $x^2-y^2=5$をみたす整数x，yの組$(x,\ y)$をすべて求めよ．

要点

26. $\sqrt{3}$が無理数であることを証明せよ．なお，証明には「nを整数とするとき，n^2が3の倍数ならばnは3の倍数である」ことを用いてよい．

（福井県立大・改）

27. 2次方程式$x^2+(2n+1)x+n-1=0$の2つの解が整数となるように，整数nの値を決めよ．（東北福祉大）

28. aを整数とするとき，aと$a+1$は互いに素であることを示せ．

演習

29. 次の問いに答えよ．

(1)　100! が5^nで割り切れるような最大の自然数 n を求めよ．

(2)　1000! を計算したとき，末尾に現れる 0 の個数を求めよ．　（岡山理科大）

30. 次の問いに答えよ．

(1)　$\log_2 3$は無理数であることを証明せよ．

(2)　n が正の整数のとき$\log_2 n$が整数でない有理数となることはあるかどうか調べよ．　（千葉大）

31. 多項式 $f(x)=x^3+ax^2+bx+c$ (a，b，c は実数) を考える．$f(-1)$，$f(0)$，$f(1)$ がすべて整数ならば，すべての整数 n に対し，$f(n)$ は整数であることを示せ．

（名古屋大・改）

32. n を正の整数とする．

(1)　n^2 と $2n+1$ は互いに素であることを示せ．

(2)　n^2+2 が $2n+1$ の倍数になる n を求めよ．　（一橋大）

4 整数(2)

基本

33. $2x+y=7$ を満たす正の整数 x, y の組 $(x,\ y)$ をすべて求めよ.

34. $(n-1)^2$ が 7 の倍数となる自然数 n を 7 で割った余りを求めよ. (千葉大)

35. m を 5 で割ると 2 余り, n を 5 で割ると 4 余るとき, $m+n$ と mn を 5 で割った余りをそれぞれ求めよ.

36. 正の整数 x, y が $x \leqq y$ と $\dfrac{1}{x}+\dfrac{1}{y}=\dfrac{1}{2}$ を満たすとき, x, y の組 $(x,\ y)$ を求めよ.

要点

37. (1) 方程式 $13x+5y=0$ を満たす整数 x, y の組 $(x,\ y)$ をすべて求めよ.

(2) 方程式 $13x+5y=1$ を満たす整数 x, y の組 $(x,\ y)$ を 1 つ求めよ.

(3) 方程式 $13x+5y=1$ を満たす整数 x, y の組 $(x,\ y)$ をすべて求めよ.

38. x, y, z を $x \leqq y \leqq z$ を満たす自然数とするとき, $\dfrac{1}{x}+\dfrac{1}{y}+\dfrac{1}{z}=1$ を満たす x, y, z の組 $(x,\ y,\ z)$ をすべて求めよ.

39. 方程式 $x^2+2xy+3y^2=17$ を満たす整数 x, y の組 $(x,\ y)$ をすべて求めよ.

40. n を 2 以上の整数とするとき, n^5+4n が 5 で割り切れることを示せ.

演習

41. (1)　n を自然数とするとき，n^2 は３の倍数かまたは３で割った余りが１であることを証明せよ．

(2)　自然数 a，b，c が $a^2+b^2=c^2$ をみたすとき，a，b のうち少なくとも１つは３の倍数であることを証明せよ．　（滋賀大）

42. $\dfrac{2p-1}{q}$，$\dfrac{2q-1}{p}$ がともに整数のとき，整数 p，q の組を求めよ．ただし，$p>q>1$ とする．　（同志社大）

43. ３で割ると２余り，５で割ると３余り，11 で割ると９余る正の整数のうちで，1000 を超えない最大のものは［　　］である．　（早稲田大）

44. (1)　素数 p と $1 \leqq r \leqq p-1$ なる整数 r に対して，二項係数についての等式 $r\,{}_p\mathrm{C}_r=p\,{}_{p-1}\mathrm{C}_{r-1}$ を証明し，${}_p\mathrm{C}_r$ は p の倍数であることを示せ．

(2)　素数 p に対して 2^p を p で割った余りを求めよ．　（奈良女子大）

5 関数のグラフ

基本

45. $y=|x-2|$のグラフを描き，方程式$|x-2|=1$と，不等式$|x-2|>2$を解け．

46. $y=x^2+3x-1$の

(1) $-2\leqq x<-1$　(2) $x\geqq 0$　(3) $-4\leqq x\leqq 0$

の各範囲における最大値，最小値を求めよ．

47. すべての実数xに対して$x^2+ax+a>0$となるような定数aの値の範囲を求めよ．

要点

48. (1) 関数$f(x)=|x-1|+|x-2|$の最小値を求めよ．

(2) 関数$g(x)=|x-1|+|x-2|+|x-3|$の最小値を求めよ．

49. 関数$y=(x^2-2x)^2+6(x^2-2x)+1$の最小値を求めよ．（大阪経済大・改）

50. 定義域を$1\leqq x\leqq 4$とする関数$f(x)=ax^2-4ax+2a+b$の最大値が9，最小値が1のとき，a，bの値を求めよ．（岡山理科大）

51. 一辺の長さ1の正方形ABCDの辺AB, BC, CD, DA上にそれぞれ点E, F, G, HをAE＝BF＝DG＝AHとなるようにとる．AE＝a（$0<a<1$）とするとき，次の問いに答えよ．

(1) 四角形EFGHの周の長さをLとするときLをaを用いて表せ．

(2) Lの最小値を求めよ．（南山大）

演習

52. a を実数の定数とする．関数 $f(x)=x^2-ax+a+2$ が $a \leqq x \leqq a+1$ の範囲でつねに不等式 $f(x)>0$ をみたすような a の値の範囲を求めよ．　（岡山理科大）

53. 不等式 $|x-3| \leqq \dfrac{1}{2}(x+a)$ を満たす整数 x がちょうど３個となるような a の範囲を求めよ．　（大阪学院大・改）

54. a を実数の定数とする．x の関数 $f(x)=x|x-2a|$ の $0 \leqq x \leqq 1$ における最大値を M とおく．以下の問いに答えよ．

(1)　M を a を用いて表せ．

(2)　a の値がすべての実数を変化するとき，M の最小値を求めよ．　（岐阜大）

55. 一定の長さの針金を２つの部分に分け，その１つで円を，他の１つで正方形を作る．作った円と正方形の面積の和が最小となるのは，針金をどのような比で分けるときか．　（慶應義塾大）

6　２次関数と方程式・不等式

基本

56. ２次方程式$3x^2-4x+a=0$が重解をもつとき，定数aの値と重解を求めよ．

57. ２次方程式$x^2+4x+1=0$の２解をα，βとする．以下の値を求めよ．

(1)　$\alpha+\beta$と$\alpha\beta$

(2)　$\alpha^2+\beta^2$と$\alpha^3+\beta^3$

(3)　$\dfrac{\alpha}{\beta}+\dfrac{\beta}{\alpha}$と$\dfrac{\alpha^2}{\beta}+\dfrac{\beta^2}{\alpha}$

58. xの方程式$x^2-2(a+1)x+a^2+2a=0$が$x<0$の範囲と$x>1$の範囲に１つずつ解をもつような，定数aの値の範囲を求めよ．

要点

59. mが整数で，２次方程式$x^2+mx+2m-4=0$の１つの解が他の解の３倍に等しいとき，$m=$ ☐ である．　（京都産業大）

60. ２つの２次方程式$x^2-3x+k-1=0$，$x^2+(k-2)x-2=0$が，共通の実数解をただ１つもつとする．このとき，kの値は ☐ であり，その共通解は ☐ である．　（甲南大）

61. $a<b<c$を満たす３つの実数a，b，cに対して，xに関する方程式

$$2(x-b)(x-c)-(x-a)^2=0$$

の２解α，$\beta\,(\alpha<\beta)$とa，b，cを大小順に並べよ．　（一橋大）

62. k は実数の定数であるとする．方程式 $x^2-2kx+2k^2-2k-3=0$ について，次の問いに答えよ．ただし，重解は２つに数えるものとする．

(1)　この方程式が２つの実数解をもち，１つの解が正でもう１つの解が負であるための k の値の範囲を求めよ．

(2)　この方程式の２解がともに正であるための k の値の範囲を求めよ．

（関西大・改）

演習

63. 放物線 $y=x^2-1$ が直線 $y=ax+b$ と $y>0$ の範囲で相異なる２つの共有点をもつとする．このような $(a,\ b)$ の範囲を図示せよ．（福岡大）

64. $x,\ y$ が，

$$x \geqq 0,\quad y \geqq 0,\quad x^3+y^3=1$$

を満たしながら変わるとき，$x+y$ がとり得る値の範囲を求めよ．（大阪大）

65. 点 $(x,\ y)$ が曲線 $x^2-xy+y^2=2$ 上を動くとき

(1)　$x+y=u$ とおいて，$(x+1)(y+1)$ を u の式で表せ．

(2)　$(x+1)(y+1)$ のとり得る値の範囲を求めよ．（名城大）

66. x の方程式 $x^2-ax+b=0$ が $0<x<1$ の範囲に少なくとも１つ解をもつような $(a,\ b)$ の範囲を図示せよ．

7 高次方程式と複素数

基本

67. 方程式 $x^3-6x^2+ax-6=0$ が $x=1$ を解にもつような a の値を求め，残りの解を求めよ．

68. 方程式 $(x+1)(x+2)(x+3)(x+4)=24$ の解を求めよ． （東海大）

69. $z=a+bi$ のとき，$z^2=4i$ となる実数 a，b の値を求めよ．ただし i は虚数単位である． （南山大）

要点

70. x の方程式 $2x^4+5x^3+5x^2-2=0$ を解け． （法政大）

71. 3 次方程式

$$x^3-2x^2+x-1=0$$

の 3 解を α，β，γ とするとき，$\alpha+\beta+\gamma$，$\alpha^2+\beta^2+\gamma^2$，$\alpha^3+\beta^3+\gamma^3$ の値を求めよ．

72. 3 次方程式 $x^3+ax^2+bx-14=0$ の 1 つの解が $2+\sqrt{3}\,i$ であるとき，実数の定数 a，b の値を求めよ． （琉球大）

演習

73. 3次方程式 $x^3-ax^2+bx+a-6=0$ が $x=1$ を2重解にもつとき，定数 a，b の値を求めると $(a,\ b)=$ □ である．また，実数解が $x=1$ のみで，他の2つの解が虚数解となるような a の値の範囲を求めると □ である．（福岡大）

74. x の4次方程式

$$x^4+2x^3+ax^2+2x+1=0 \quad \cdots\cdots(*)$$

について，次の問いに答えよ．ただし，a は実数の定数とする．

(1)　$x+\dfrac{1}{x}=t$ とおくとき，$(*)$ を t の方程式として表せ．

(2)　$a=3$ のとき，$(*)$ の解を求めよ．

(3)　$(*)$ が異なる4個の実数解をもつとき，a のとり得る値の範囲を求めよ．

（名城大）

75. x に関する方程式

$$(x^2+ax+b)(x^2+bx+a)=0$$

が4個の異なる実数解をもつような点 $(a,\ b)$ の存在する範囲を図示せよ．

（一橋大）

76. $\alpha=\sqrt[3]{\sqrt{\dfrac{28}{27}}+1}-\sqrt[3]{\sqrt{\dfrac{28}{27}}-1}$ とする．

(1)　整数を係数とする3次方程式で α を解にもつものがあることを示せ．

(2)　α は整数であることを示せ．また，その整数を答えよ．（大阪教育大）

8 データの分析

基本

77. 生徒 10 人のハンドボール投げの距離を小さい方から順に並べたものが次のデータである．

16, 20, 23, 25, 26, 28, 28, 30, 35, 37（メートル）

このとき，このデータの中央値と四分位範囲を求めよ．ただし，四分位範囲とは，第 3 四分位数から第 1 四分位数を引いた値である．

（南山大）

78. a を実数とする．このとき，5つの値

$a+2,\ a-3,\ a+4,\ a-1,\ a+3$

からなるデータの平均値と分散を求めよ．（慶應義塾大）

79. 次のデータの相関係数を求めよ．

x	8	4	2	6	10
y	4	5	6	3	2

（奈良県立医科大）

要点

80. 学生 9 人を対象に試験を行った結果，試験の得点はそれぞれ

50, 57, 60, 42, x, 73, 80, 35, 68（点）

であった．x が 0 以上 100 以下の整数のとき，9 人の得点の中央値は何通り考えられるか求めよ．（摂南大）

81. (1)　変量 x の値が x_1，x_2，x_3 のとき，その平均値を $\overline{x}$ とする．分散 s^2 を

$$\frac{1}{3}\{(x_1-\overline{x})^2+(x_2-\overline{x})^2+(x_3-\overline{x})^2\}$$

で定義するとき，$s^2=\overline{x^2}-(\overline{x})^2$ となることを示せ．ただし，$\overline{x^2}$ は $x_1{}^2$，$x_2{}^2$，$x_3{}^2$ の平均値を表す．（琉球大）

(2)　３つの正の数 a，b，c の平均値が 14，標準偏差が 8 であるとき，$a^2+b^2+c^2$ と $ab+bc+ca$ の値を求めよ．（立命館大）

82. 29 個の値 $x_i=ai$ $(i=1,\ 2,\ 3,\ \cdots\cdots,\ 29)$ からなる変量 x について，以下の問いに答えよ．ただし，a は正の定数とする．また，必要があれば，正の整数 n に対して，

$$1^2+2^2+3^2+\cdots\cdots+n^2=\frac{n(n+1)(2n+1)}{6}$$

であることを用いよ．

(1)　x の平均値 $\overline{x}$ と標準偏差 s_x を求めよ．

(2)　変量 z を $z=\dfrac{x-\overline{x}}{s_x}$ により定める．このとき，z の平均値 $\overline{z}$ と標準偏差 s_z を求めよ．（同志社大）

83. 下の表は２種類のテスト A，B を受けた生徒６人の得点をまとめたもので，テスト A の得点を変量 x，テスト B の得点を変量 y と表している．

生徒番号	①	②	③	④	⑤	⑥
テスト A の得点（変量 x）	c	c	a	d	c	d
テスト B の得点（変量 y）	d	b	a	c	b	b

ここで，a，b，c，d はすべて正の数で，$a=\dfrac{9}{6}d$，$b=\dfrac{8}{6}d$，$c=\dfrac{7}{6}d$ である．

(1)　変量 x，y の平均値 $\overline{x}$，$\overline{y}$ をそれぞれ d を用いて表せ．

(2)　変量 x'，y' を $x'=\dfrac{6}{d}x-6$，$y'=\dfrac{6}{d}y-6$ により定める．このとき，変量 x'，y' の標準偏差 $s_{x'}$，$s_{y'}$ をそれぞれ求めよ．

(3)　変量 x と変量 y の相関係数 r_{xy} を求めよ．（関西学院大）

演習

84. 5 人がゲームを行い，5 人の点数がそれぞれ 2, 0, 1, 7, $5x$（x は 0 以上の実数）であった.

(1) 5 人の点数の平均値 m と分散 s^2 を求めよ.

(2) 5 人の点数の中央値が 1 であるとき，x のとり得る値の範囲を求めよ.

(3) x が(2)で求めた範囲を動くとき，分散 s^2 の最小値を求めよ.

（摂南大）

85. A 組と B 組の生徒が 100 点満点の試験を受けた.
A 組は 40 人受験し，A 組の得点の平均値は 70 点で，分散は 100 であった.
B 組は 60 人受験し，B 組の得点の平均値は 60 点で，分散は 110 であった.
A 組と B 組を合わせた 100 人の得点の平均値と分散を求めよ.

（明治大）

86. a, b, c は異なる３つの正の整数とする. 次のデータは２つの科目 X と Y の試験を受けた 10 人の得点をまとめたものである.

	①	②	③	④	⑤	⑥	⑦	⑧	⑨	⑩
科目 X の得点	a	c	a	b	b	a	c	c	b	c
科目 Y の得点	a	b	b	b	a	a	b	a	b	a

科目 X の得点の平均値と科目 Y の得点の平均値とは等しいとする.

(1) 科目 X の得点の分散を ${s_X}^2$，科目 Y の得点の分散を ${s_Y}^2$ とする. $\dfrac{{s_X}^2}{{s_Y}^2}$ を求めよ.

(2) 科目 X の得点と科目 Y の得点の相関係数を求めよ.

(3) 科目 X の得点の中央値が 65, 科目 Y の得点の標準偏差が 11 であるとき，a, b, c の組を求めよ.

（一橋大）

87. 2つの変量x，yの10個のデータ$(x_1,\ y_1)$，$(x_2,\ y_2)$，……，$(x_{10},\ y_{10})$が与えられており，これらのデータから

$x_1+x_2+\cdots\cdots+x_{10}=55$，$y_1+y_2+\cdots\cdots+y_{10}=75$，

$x_1{}^2+x_2{}^2+\cdots\cdots+x_{10}{}^2=385$，$y_1{}^2+y_2{}^2+\cdots\cdots+y_{10}{}^2=645$，

$x_1y_1+x_2y_2+\cdots\cdots+x_{10}y_{10}=445$

が得られている．

また，2つの変量z，wの10個のデータ$(z_1,\ w_1)$，$(z_2,\ w_2)$，……，$(z_{10},\ w_{10})$はそれぞれ

$z_i=2x_i+3$，$w_i=y_i-4$　$(i=1,\ 2,\ \cdots\cdots,\ 10)$

で得られるとする．このとき，以下の問いに答えよ．

(1)　変量x，y，z，wの平均値$\overline{x}$，$\overline{y}$，$\overline{z}$，$\overline{w}$をそれぞれ求めよ．

(2)　変量x，y，z，wの分散$s_x{}^2$，$s_y{}^2$，$s_z{}^2$，$s_w{}^2$をそれぞれ求めよ．

(3)　xとyの共分散s_{xy}および相関係数r_{xy}をそれぞれ求めよ．また，zとwの共分散s_{zw}および相関係数r_{zw}をそれぞれ求めよ．　（同志社大・改）

9 場合の数(1)

基本

88. 7つの数字 0, 1, 2, 3, 4, 5, 6 について考える.

(1) この7つの数字から4つの数字をとってできる4桁の数の個数を求めよ.

(2) (1)で考えた4桁の数のうち，両端が奇数であるものの個数を求めよ.

（自治医科大・改）

89. 男子5人，女子3人の中から3人を選ぶ.

(1) 選び方の総数は何通りあるか.

(2) 男子2人と女子1人を選ぶ方法は何通りあるか.

(3) 女子を2人以上選ぶ方法は何通りあるか. （近畿大・改）

90. SCIENCE という単語の文字をすべて使ってできる順列は，全部で何通りあるか. （東海大・改）

要点

91. 1から9までの整数から異なる3つの数を選んで積を作る.

(1) 積が奇数となるような3つの数の選び方は何通りあるか.

(2) 積が3の倍数となるような3つの数の選び方は何通りあるか.

(3) 積が6で割り切れないような3つの数の選び方は何通りあるか.

92. 男女4人ずつ計8人が円形に並ぶことを考える.

(1) 右図1のように男女が交互に並ぶ方法は何通りあるか.

(2) 右図2のように男女がそれぞれ固まって並ぶ方法は何通りあるか.

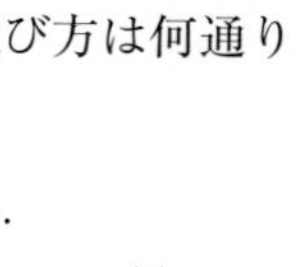

図1: 男(上)、女(右上)、男(右)、女(右下)、男(下)、女(左下)、男(左)、女(左上)

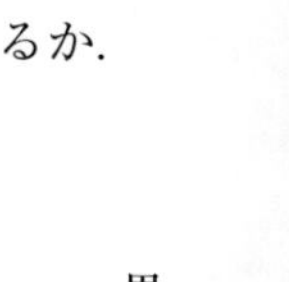

図2: 男(上)、女(右上)、女(右)、女(右下)、女(下)、男(左下)、男(左)、男(左上)

93. 7人の選手 A, B, C, D, E, F, G でリレーをする.

(1) AがBよりあとに走る場合，7人の走る順番は全部で何通りあるか.

(2) AがBよりあとに走るか，またはAがCよりあとに走る場合，7人の走る順番は全部で何通りあるか. （東海大・改）

演習

94. ある地域が，右図のように６区画に分けられている．

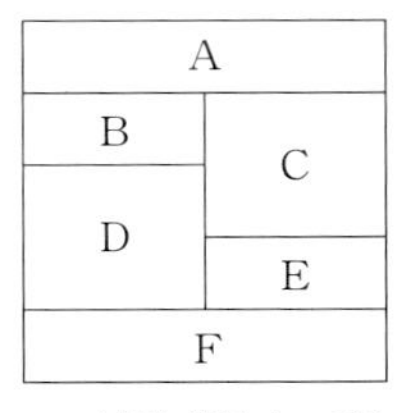

(1)　境界を接している区画は異なる色で塗ることにして，赤・青・黄の３色で塗り分ける方法は何通りあるか．

(2)　境界を接している区画は異なる色で塗ることにして，赤・青・黄・白の４色以内で塗り分ける方法は何通りあるか．

（東北学院大・改）

95. ガラスで出来た玉で，赤色のものが６個，青色のものが２個，透明なものが１個ある．玉には，中心を通って穴が開いているとする．

(1)　これらを１列に並べる方法は何通りあるか．

(2)　これらを丸く円形に並べる方法は何通りあるか．

(3)　これらの玉に糸を通して首輪を作る方法は何通りあるか．　（日本大）

96. ６つの数字 1，2，3，4，5，6 から異なる５つをとりだし，そのうち１つは２度使って，例えば 1，1，2，3，4，5 のように合計６つの数字をえらぶ．そして，立方体の６つの面に１つずつ書き込む．このとき，

(1)　立方体に書き込む６つの数字のえらび方は何通りあるか．

(2)　1，1，2，3，4，5 をえらんだとき，２つの１が向かい合う面にあるような数字の書き込み方は何通りあるか．

(3)　数字の書き込み方は全部で何通りあるか．　（日本大・改）

97. n を自然数とする．正 $6n$ 角形の異なる３頂点を結んで作られる ${}_{6n}\mathrm{C}_3$ 個の三角形のうち，次のようなものは何個あるか．

(1)　正三角形

(2)　直角三角形

(3)　二等辺三角形

(4)　鈍角三角形　（会津大・改）

10 場合の数(2)

基本

98. A 大学から B 大学への移動手段は電車とバスの２通りがある．３人の学生 a, b, c がそれぞれ勝手に A 大学から B 大学へ移動するとき，移動手段の選び方は何通りあるか．

99. 図のように 100m 間隔で東西方向に５本，100m 間隔で南北方向に６本の道がある．これらの道を通って P から Q まで行くとき，次の問いに答えよ．

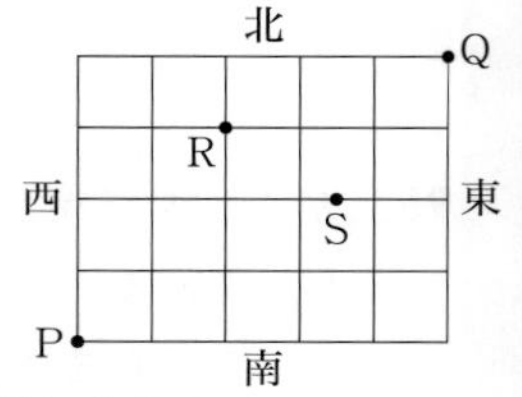

(1) P から Q まで最短経路で行く場合，移動距離は何 m か．また，この場合の経路は何通りあるか．

(2) R を通らないで P から Q まで行く最短経路は何通りあるか．

(3) S を通って P から Q まで行く最短経路は何通りあるか．

（神奈川工科大・改）

要点

100. ９冊の異なる本がある．

(1) A さんに２冊, B さんに２冊, C さんに５冊分配する方法は何通りあるか．

(2) ２冊，２冊，５冊の３つの組に分割する方法は何通りあるか．

101. 球と立方体と正三角錐の３種類の積み木を製造する会社があり，これらの積み木を組み合わせて 10 個１組のセットを作るとする．

(1) 全部でいくつの組合せが考えられるか．

(2) ３種類の積み木のうち，球と立方体とを少なくとも１個ずつ含む組合せはいくつか．

（麻布大）

102. サイコロを３回振る．出た目を順に x, y, z とするとき，

(1) $x<y<z$ となる出方は何通りあるか．

(2) $x \leqq y \leqq z$ となる出方は何通りあるか．

演習

103. 図のような市街路をＡ地点からＢ地点まで，最短経路で行く方法は何通りあるか．以下の各場合について答えよ．ただし，斜線部分は池があって通行できないものとする．

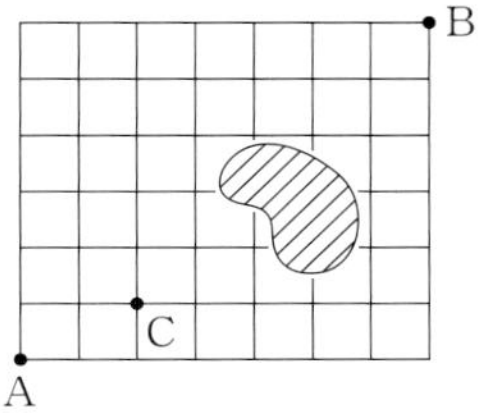

⑴　Ｃ地点を通って行く場合

⑵　Ｃ地点を通らないで行く場合　（北海学園大）

104. すべて色の異なる７個の球がある．このとき，次の各問いに答えよ．

⑴　７個の球から６個の球を取り出して，Ａ，Ｂ，Ｃのケースに２個ずつ入れる方法は何通りあるか．

⑵　７個の球を，Ａ，Ｂ，Ｃのケースに分ける方法は何通りあるか．ただし，各ケースには何個入ってもよいが，それぞれのケースには少なくとも１個は入るものとする．

⑶　７個の球を，３つのグループに分ける方法は何通りあるか．ただし，各グループには何個入ってもよいが，それぞれのグループには少なくとも１個は入るものとする．　（長崎総合科学大）

105. Ａ，Ｂ，Ｃの記号がつけられた３つの袋に，赤玉５個，白玉６個すべてを入れる場合の数について考える．次の問いに答えよ．ただし，同じ色の玉は区別しないものとする．

⑴　空になる袋があってもよいとすると，全部で何通りの入れ方があるか．

⑵　Ａ，Ｂ，Ｃそれぞれの袋に，赤玉１個と白玉１個は少なくとも入っているようにする入れ方は何通りあるか．

⑶　空の袋がないようにする入れ方は何通りあるか．　（鳴門教育大）

106. n 個の整数 1，2，3，…，n のうちから３個の整数を選ぶとき，どの２つの数の差も絶対値が３以上となるような選び方はいく通りあるか．ただし，n は７以上とする．　（お茶の水女子大）

11 確率(1)

基本

107. A, B, C, D の 4 つの文字を無作為に横一列に並べるとき，次の確率を求めよ.

(1) 左から順に A, B, C, D の順に並ぶ確率

(2) A が右端または左端にある確率

(3) A より B が右にある確率

108. 1 から 9 までの数字が 1 つずつ書かれた 9 個の玉が袋の中に入っている．この袋から同時に 4 個の玉を取り出すとき，次の確率を求めよ.

(1) 奇数が書かれた玉が少なくとも 3 個含まれる確率.

(2) 偶数が書かれた玉が少なくとも 2 個含まれる確率.

要点

109. 袋の中に赤玉 4 個，白玉 6 個の計 10 個の玉が入っている.

(1) 毎回玉を戻しながら 3 回取り出す.

(i) 赤玉，赤玉，白玉の順に玉が取り出される確率を求めよ.

(ii) 赤玉が 2 回，白玉が 1 回取り出される確率を求めよ.

(2) 玉を戻さずに 3 回取り出す.

(i) 赤玉，赤玉，白玉の順に玉が取り出される確率を求めよ.

(ii) 赤玉が 2 回，白玉が 1 回取り出される確率を求めよ.

110. (1) 1, 1, 2, 2, 3, 4 の 6 個の数字を横 1 列に並べてできる 6 桁の自然数は全部で何個あるか.

(2) (1)の自然数の中から無作為に 1 個の自然数を選んだとき，同じ数字が全く隣り合っていない確率を求めよ. （関西大・改）

111. 大中小 3 つのさいころを同時に投げる.

(1) 出た目の数がすべて 3 以下である確率を求めよ.

(2) 出た目の数のうち最大のものが 3 である確率を求めよ.

(3) 出た目の数の積が 3 の倍数となる確率を求めよ. （関西大・改）

演習

112. カードが７枚ある．４枚にはそれぞれ赤色で1，2，3，4の数字が，残りの３枚にはそれぞれ黒色で0，1，2の数字が１つずつ書かれている．これらのカードをよく混ぜてから横に一列に並べたとき，次の確率を求めよ．

(1)　赤，黒２色が交互に並んでいる確率

(2)　赤色の数字が書かれたカードだけを見ると，左から数の小さい順に並んでいる確率

(3)　赤色の数字も黒色の数字も，それぞれ左から数の小さい順に並んでいる確率

(4)　同じ数字はすべて隣り合っている確率

(5)　同じ数字はどれも隣り合っていない確率　（関西大・改）

113. A，B，C，Dの４人でジャンケンをする．負けた人は次回以降のジャンケンに参加できないものとし，何回かのジャンケンの後で１人だけ残った人を勝者とする．

(1)　１回のジャンケンでAが勝者となる確率を求めよ．

(2)　２回目のジャンケンでAが勝者となる確率を求めよ．　（日本大）

114. 通常のさいころＡと製造工程でミスのあるさいころＢがある．そのミスは一つの目 x だけが欠落し，y の目が２つある状態で，このさいころＢの状態を $\langle x,\ y \rangle$ と表す．例えば状態 $\langle 3,\ 4 \rangle$ では３の目が欠落し，４の目が２つで，すべての目は1，2，4，4，5，6となる．さいころＡ，Ｂを同時に振り，いくつかの事象における確率を調べた．次の問いに答えよ．

(1) 出た目の和が３になる確率は $\dfrac{1}{12}$，和が11になる確率は $\dfrac{1}{36}$ になるという．このようなさいころＢの状態 $\langle x,\ y \rangle$ をすべて列挙せよ．

(2) (1)の状態のもとで，さらに出た目の和が６になる確率が $\dfrac{5}{36}$，積が12になる確率が $\dfrac{1}{9}$ になるという．このようなさいころＢの状態 $\langle x,\ y \rangle$ を求めよ．

（中京大）

115. 商品Ａには，３種類の人形Ｘ，Ｙ，Ｚのうち１つが，等しい確率で，おまけとして入っている．この商品を無作為に n 個（$n \geqq 3$）買うとき，次の確率をそれぞれ求めよ．

(1) おまけがすべてＸである確率

(2) n 個のおまけに，Ｚが含まれずＸもＹも１つ以上含まれる確率

(3) n 個のおまけに，Ｘ，Ｙ，Ｚすべてが１つ以上含まれる確率

（京都教育大）

12 確率(2)

基本

116. 赤球７個と白球３個が入っている袋から１個の球を無作為に取り出し，印をつけて袋にもどす．次に，この袋から同時に２個の球を無作為に取り出すとき，そのうちの１個が印のついた赤球である確率を求めよ．（岡山県立大）

117. 当たり２本，はずれ８本の計 10 本のくじがある．A，B の２人がこのくじを１本ずつ，A，B の順に引く．

(1) A が当たりを引く確率を求めよ．

(2) A が引いたくじを戻さないとき，B が当たりを引く確率を求めよ．

(3) A が引いたくじが当たりならくじを戻さずはずれなら戻すとき，B が当たりを引く確率を求めよ．

要点

118. 0，1，2 と書かれた白いボールが２個ずつ，計６個のボールが入った箱とサイコロがある．まず，サイコロを投げ，出た目の個数だけ箱の中からボールを取り出し，取り出したボールに書かれた数の合計を得点とするゲームを行う．このとき，得点が１となる確率を求めよ．（神戸薬科大・改）

119. A，B，C で将棋のトーナメントをし，優勝を決める．B と C が対戦すると勝つ確率はどちらも $\frac{1}{2}$ だが，A と B が対戦すると A が勝つ確率は $\frac{1}{3}$，A と C が対戦すると A が勝つ確率は $\frac{1}{4}$ である．次の確率を求めよ．

(1) はじめに A と C が対戦し，その勝者と B が対戦するとき，C が優勝する確率

(2) はじめに A と B が対戦し，その勝者と C が対戦するとき，C が優勝する確率

（北海道工業大・改）

120. 0，1，2，…，9と書いたカードがそれぞれ一枚ずつある．この10枚のカードから無作為に1枚を選び，その数をXとする．そのカードをもとに戻して，再び10枚のカードから無作為に1枚を選び，その数をYとする．以下では，0は3の倍数とする．

(1) 和$X+Y$が3の倍数となる確率を求めよ．

(2) 積XYが3の倍数となる確率を求めよ．

(3) 和$X+Y$が3の倍数となるとき，積XYが3の倍数となる確率を求めよ．

（立命館大・改）

演習

121. 袋に10個の球が入っている．球の色は初めは全て白である．ここから球を1つ取り出して，球が白い場合は黒く塗り直して袋に戻し，黒い場合は白く塗り直して袋に戻すという作業をくりかえす．この作業を3回くりかえす場合，次の確率を求めよ．

(1) 3回とも白い球が取り出される確率

(2) 白が2回，黒が1回取り出される確率

（名古屋学院大・改）

122. 袋の中に1，2，3の数字を書いたカードがそれぞれ一枚ずつ入っている．この袋からカードを一枚取り出してその数を記録してから元に戻すという操作を繰り返し行う．1回目からn回目の操作で出た数の和をS_nとする．S_nが奇数である確率をa_nとする．次の問いに答えよ．

(1) a_1を求めよ．

(2) a_{n+1}をa_nで表せ．

(3) 確率a_nを求めよ．

（兵庫県立大）

123. 箱の中に n 本のくじがあり，そのうち２本があたりくじで，他ははずれくじである．ここから無作為に１本ずつくじを引き続け，はじめてあたりくじを引く回を第 X 回とし，のこりのあたりくじを引く回を第 Y 回とする．このとき，次の確率を求めよ．

(1)　$X=i$ となる確率 $P(X=i)$　$(1 \leqq i \leqq n-1)$

(2)　$Y=j$ となる確率 $P(Y=j)$　$(2 \leqq j \leqq n)$

(3)　$X=i$ かつ $Y=j$ となる確率 $P(X=i,\ Y=j)$　$(1 \leqq i < j \leqq n)$

（福井医科大）

124. 赤玉３個，白玉５個が入っている箱の中から無作為に４個取り出し袋に入れる．このとき，袋の中の赤玉の個数を X とする．さらに，この袋の中から無作為に２個取り出したときの赤玉の個数を Y とする．このとき，次の問いに答えよ．

(1)　$k=0,\ 1,\ 2,\ 3$ に対して $X=k$ となる確率を求めよ．

(2)　$Y=1$ となる確率を求めよ．

(3)　$Y=1$ のとき，$X=1$ である確率を求めよ．　（宮崎大・改）

13 確率(3)

基本

125. 赤球１個と白球４個の入った袋から球を１個取り出して袋にもどす．これを５回繰り返すとき，赤球がちょうど２回出る確率を求めよ．（神奈川大）

126. 点 X は x 軸上の原点から出発し，さいころを振って１または６の目が出れば x 軸上を正の方向に１だけ進み，その他の目が出れば負の方向に１だけ進むものとする．このさいころを６回振るとき６回目の移動後に原点にいる確率を求めよ．（明星大・改）

要点

127. ○か×のいずれかで答えるテスト問題が10問ある．ある生徒は，すべての問題について，コインを投げて表が出たら○，裏が出たら×として解答した．コインの表が出る確率と裏が出る確率はそれぞれ $\dfrac{1}{2}$ である．このテストは８問以上正解したら合格とする．

(1) ８問正解する確率を求めよ．

(2) 合格する確率を求めよ．（広島工業大）

128. 図のような６角形ABCDEFにおいて，動点Ｐが６つの頂点のいずれかにあるとき，一回の移動でとなりの頂点に，右回りに移動する確率を $\dfrac{2}{3}$，左回りに移動する確率を $\dfrac{1}{3}$ とする．最初，動点Ｐが点Ａの上にあるとするとき，次の確率を求めよ．

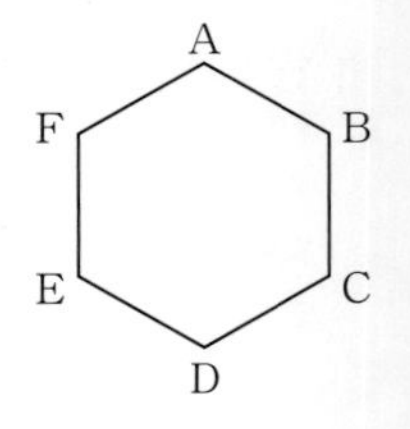

(1) 動点Ｐが６回の移動後に点Ａにある確率

(2) 動点Ｐが６回の移動後に点Ｃにある確率（中部大・改）

129. あるゲームをするときにＡがＢに勝つ確率は$\dfrac{3}{5}$である．このゲームをＡとＢがくり返しおこない，先に３勝した者が賞金を獲得する．このとき，次の問いに答えよ．なお，このゲームに引き分けはないものとする．

(1)　Ａが３勝１敗で賞金を獲得する確率を求めよ．

(2)　Ａが賞金を獲得する確率を求めよ．　（名城大・改）

演習

130. A，B，Cの３人で次の様なルールでジャンケンの試合を行う．

(i)　１回目は，Cは控えにまわり，AとBでジャンケンを行い勝者と敗者を決める．

(ii)　２回目以降の回では，前回の勝者と前回の控えの人がジャンケンを行いその回の勝者と敗者を決める．敗者は次回の控えにまわる．

(iii)　同じ人が２回連続して勝者となると，その人を優勝者とし，試合は終了する．

ただし，どの２人がジャンケンするときも，一方が勝者となる確率は$\dfrac{1}{2}$とする．

(1)　６回までに優勝者が決まらない確率を求めよ．

(2)　10回までにCが優勝する確率を求めよ．　（琉球大）

131. さいころをn回投げるとき，出る目の数の積をXとする．ただし，$n \geqq 3$とする．

(1)　Xが３の倍数となる確率を求めよ．

(2)　$X=30$となる確率を求めよ．　（岡山県立大）

132. xy 平面上に動点Pがある．１個のサイコロを振ることによってPを次のように移動させることを考える．

出た目が１か２ならば x 軸と平行に $+1$ だけ動かす．

出た目が３か４ならば x 軸と平行に -1 だけ動かす．

出た目が５ならば y 軸と平行に $+1$ だけ動かす．

出た目が６ならば y 軸と平行に -1 だけ動かす．

最初Pは原点 $(0, 0)$ にあるとし，サイコロを振る試行を４回行ったとする．

(1)　最後に（つまり４回の試行後に）Pが座標 $(2,\ 2)$ に来る確率を求めよ．

(2)　Pが x 軸上だけを動いて最後に座標 $(2,\ 0)$ に来る確率を求めよ．

(3)　最後にPが座標 $(0,\ 0)$ に来る確率を求めよ．　　　　　　　　（広島大）

133. 箱の中に白球 20 個，赤球 30 個が入っている．この箱の中から１つずつ 15 回球を取り出す（取り出した球は元の箱にもどす）．

白球が n 回 $(0 \leqq n \leqq 15)$ 取り出される確率を P_n とする．P_n を最大とする n の値，および最小とする n の値を求めよ．　　　　　　　　（自治医科大・改）

14 平面図形

基本

134. 図 a において点 O は三角形 ABC の外心，図 b において点 I は三角形 ABC の内心である．このとき，図 a の角 α の大きさ，および図 b の角 β の大きさを求めよ。

（北海道工業大・改）

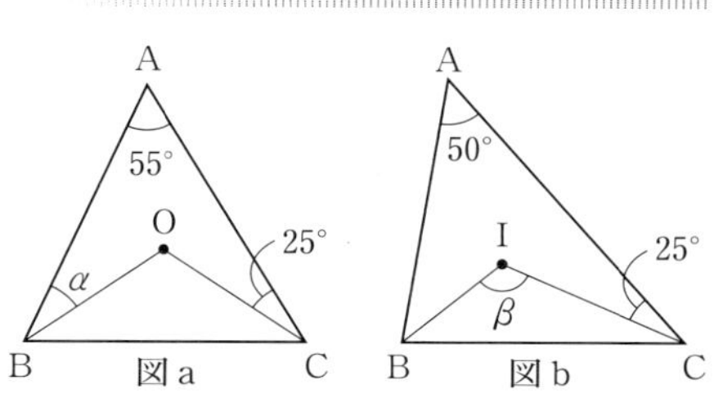

135. 図 a，図 b いずれにおいても，4 点 A，B，C，D は同一円周上にあり，2 直線 AB，CD は点 P で交わっている．また，図 a において，点 T は P から円に引いた接線の接点であり，図 b において，点 O は円の中心で，線分 CD 上にある．このとき，図 a の線分 CD，PT の長さ x，y，および図 b の線分 OD の長さ z を求めよ．

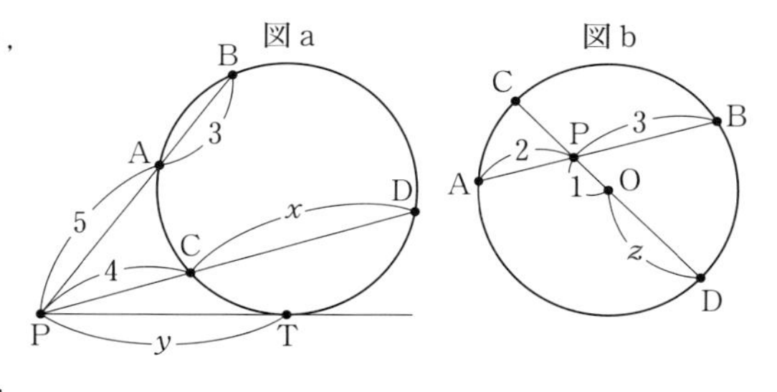

136. 右図において，点 P，Q，R はそれぞれ三角形 ABC の辺 BC，CA，AB 上の点であり，線分 AP，BQ，CR は 1 点 O で交わっている．

(1) 線分の長さの比 CQ：QA を求めよ．

(2) 線分の長さの比 AR：RB を求めよ．

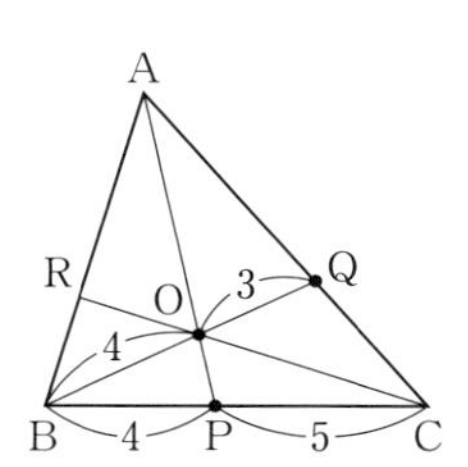

要点

137. 三角形ABCにおいて，辺ABの中点をQとする．QCの中点をRとし，ARの延長線が辺BCと交わる点をSとする．このとき，次の問いに答えよ．

(1)　CS：SBの値を求めよ．

(2)　AR：RSの値を求めよ．　(昭和女子大)

138. △ABCは，AB＝5，AC＝4で，ABを直径とする円に内接している．この円の点Cにおける接線とABの延長線との交点をPとするとき，線分CPの長さを求めよ．　(東京電機大)

139. △ABCにおいて，辺AB，BC，CAの中点をそれぞれL，M，Nとする．頂点Aから辺BCまたはその延長上に下ろした垂線をAHとする．次のことを証明せよ．

(1)　∠LHN＝∠A

(2)　4点L，M，N，Hは同一円周上にある．　(鳴門教育大)

演習

140. AB＝ACである二等辺三角形ABCを考える．辺ABの中点をMとし，辺ABを延長した直線上に点Nを，AN：NB＝2：1となるようにとる．このとき∠BCM＝∠BCNとなることを示せ．ただし，点Nは辺AB上にはないものとする．　(京都大)

141. 三角形ABCの辺AB，ACの中点をそれぞれD，Eとし，辺BE，CDの交点をGとする．4点D，B，C，Eが同一円周上にあるとき，次のことを証明せよ．

(1)　AB＝ACである．

(2)　2∠ABG＝∠BAEであるとき，∠BAG＝∠ABGである．

(3)　(2)の条件を満たすとき，三角形ABCは正三角形である．　(鹿児島大)

142. 四角形 ABCD は $\angle B=120^\circ$，$CD=DA=AC$ を満たしているものとする．このとき，次の問いに答えよ．

(1)　$AB<BD$ であることを示せ．

(2)　線分 BD 上に $AB=BE$ となる点 E をとるとき，$\angle BAE$ の大きさを求めよ．

(3)　$AB+BC=BD$ であることを示せ．　（新潟大）

143. 図のように，鋭角三角形 ABC の内部に点 P をとり，直線 AP，BP，CP と，辺 BC，CA，AB との交点をそれぞれ D，E，F とする．

次の(1)，(2)がともに成り立つとき，点 P は △ABC の垂心であることを示せ．

(1)　四角形 AFPE は円に内接する．

(2)　四角形 CEPD は円に内接する．

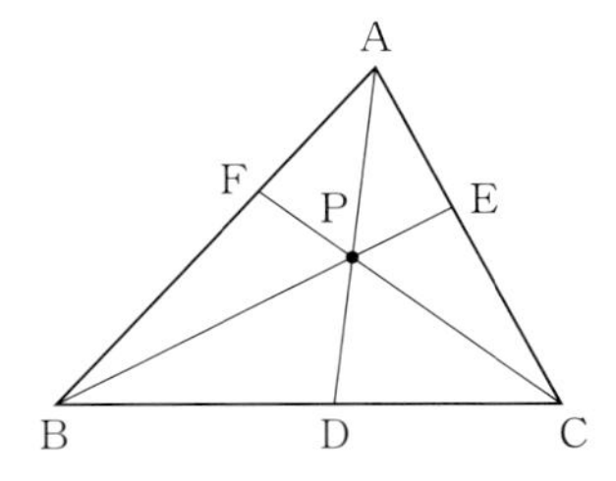

（宮崎大・改）

15 図形と式(1)—点・直線・円

基本

144. $a>0$ とする．２直線 $ax+(1-a)y=1$ と $(2+a)x-y=2$ について，これらの２直線が平行であるときの a の値，直交しているときの a の値をそれぞれ求めよ．

（福岡工業大・改）

145. 点 $(2,\ 1)$ を通り，x 軸と y 軸の両方に接する円の方程式を求めよ．

（自治医科大・改）

146. 円 C：$x^2+y^2+2x+2y=0$ の中心をＰとする．Ｐの座標は□であり，Ｐと直線 l：$x-2y-2=0$ との距離は□である．l が C によって切り取られる弦の長さは□である．

（関西学院大・改）

要点

147. xy 平面上で点 $\mathrm{A}(2,\ 1)$ と円 C：$(x+1)^2+y^2=4$ が与えられているとする．また，点Ａを通り傾きが m の直線を l とする．

(1) 直線 l が円 C に接するとき，m の値を求めよ．

(2) 円 C と直線 l が異なる２点Ｂ，Ｃで交わり，線分BCの長さが２であるとき，m の値を求めよ．

（流通科学大・改）

148. xy 平面上の２定点 $\mathrm{A}(-4,\ 0)$，$\mathrm{B}(0,\ 3)$ と円 $x^2+y^2-4x-2y+4=0$ 上の動点Ｐについて，次の問いに答えよ．

(1) A，Ｂを通る直線の方程式を求めよ．

(2) 円の中心の座標と半径を求めよ．

(3) △ABPの面積の最大値を求めよ．

（武蔵工業大）

149. $x,\ y$ の方程式 $kx^2-(k+1)x-2(k-1)y+2k-5=0$ ……①について，

(1) ①が直線を表す k とそのときの方程式を求めよ．ただし，$k\fallingdotseq 1$ とする．

(2) ①が放物線を表し，直線 $y=2$ に接するような k の値を求めよ．

(3) ①のグラフは実数 k のどんな値に対しても定点を通ることを示し，その定点の座標を求めよ．

（石巻専修大）

演習

150. 平面上に２点A(−1, 3)，B(5, 11) がある．

(1) 直線 $y=2x$ について，点Aと対称な点Pの座標を求めよ．

(2) 点Qが直線 $y=2x$ 上にあるとき，QA+QBを最小にする点Qの座標を求めよ．

（東京薬科大・改）

151. 円Oと円O′の方程式をそれぞれ $x^2+y^2-2y=0$，$x^2+y^2-4x-4y+4=0$ とする．傾きが0でない直線 l が円OとO′にそれぞれ点P，P′で接するとき l の方程式とP，P′の座標を求めよ．

（名古屋女子大・改）

152. x 軸の正の部分を動く点P$(t,\ 0)$ $(t>0)$ と２点A(0, 1)，B(0, 3)がある．

(1) ３点A，B，Pを通る円の中心の座標を求めよ．

(2) ２点A，Bを通り，x 軸の正の部分に接する円の方程式を求めよ．

(3) ∠APBを最大にする点Pの座標を求めよ．

（愛媛大）

153. xy 平面上の原点をOとし，半円 $x^2+y^2=9$，$y \geqq 0$ を C_1 とおく．半円 C_1 の周上に２点P，Qをとり，弦PQを軸として，弧PQを折り返し，点R$(\sqrt{3},\ 0)$ で x 軸に接するようにする．次の問いに答えよ．

(1) 折り返した円弧を円周の一部にもつ円を C_2 とする．円 C_2 の方程式を求めよ．

(2) ３点P，O，Qを通る円を C_3 とする．円 C_3 の中心の座標および半径を求めよ．

(3) 円 C_2 の周上に点Aを，円 C_3 の周上に点Bをとるとき，線分ABの長さの最大値を求めよ．

（秋田大）

16 図形と式(2)—軌跡と領域

基本

154. (1) 円 $x^2+y^2=4$ と直線 $x+\sqrt{3}\,y-2=0$ の交点の座標を求めよ.

(2) 2つの不等式 $x^2+y^2\leqq 4$, $x+\sqrt{3}\,y-2\geqq 0$ を同時に満足する領域の面積を求めよ. (藤田保健衛生大・改)

155. 平面上の2点 A(2, 1), B(−4, −2) に対して AP : BP = 1 : 2 をみたす点 P の軌跡を求めよ. (大阪産業大・改)

要点

156. (1) xy 平面において, 連立不等式 $x^2+y^2-4x\leqq 0$, $x^2+y^2+2y\geqq 0$ の表す領域を図示せよ.

(2) 直線 $x+y=k$ が(1)の領域と共有点をもつための, k に関する条件を求めよ. (青山学院大)

157. 2次関数 $y=x^2+(2k-10)x-4k+16$ ($k\geqq 0$) のグラフについて, 次の問に答えよ.

(1) 頂点の座標を k を用いて表せ.

(2) k が変化するとき, 頂点の軌跡を求めよ. (東北工業大・改)

158. 円 C : $(x-1)^2+(y-1)^2=2^2$ と2点 A(5, 1), B(3, 4) がある. 点 P が円 C 上を動くとき, △ABP の重心 G の軌跡を求めよ. (東洋大)

演習

159. 次の連立不等式の表す領域を D とする．

$$x-2y+1 \geqq 0, \quad 2x-y-2 \leqq 0, \quad x+y-1 \geqq 0$$

(1) 点 $\mathrm{P}(x, y)$ がこの領域 D 内を動くとき，x^2+y^2 の最大値，最小値
また，それぞれの場合の x，y の値を求めよ．

(2) 点 $\mathrm{P}(x, y)$ がこの領域 D 内を動くとき，$y-x^2$ の最大値，最小値を求めよ．
また，それぞれの場合の x，y の値を求めよ．　（立命館大）

160. 座標平面上において，放物線 C：$y=x^2$ と直線 l：$y=mx-2m+3$ が，相異なる 2 点 $\mathrm{P}(\alpha,\ \alpha^2)$，$\mathrm{Q}(\beta,\ \beta^2)$ で交わっている．ただし，$\alpha<\beta$ とする．

(1) 実数 m がとり得る値の範囲を求めよ．また，$\alpha+\beta$ および $\alpha\beta$ を m の式で表せ．

(2) 実数 m が(1)の範囲のすべての値をとって変化するとき，線分 PQ の中点 S が描く図形を求め，図示せよ．　（近畿大・改）

161. xy 平面上の放物線 A：$y=x^2$，B：$y=-(x-a)^2+b$ は異なる 2 点 $\mathrm{P}(x_1,\ y_1)$，$\mathrm{Q}(x_2,\ y_2)$ $(x_1>x_2)$ で交わるとする．

(1) $x_1-x_2=2$ が成り立つとき，b を a で表せ．

(2) $x_1-x_2=2$ を満たしながら a，b が変化するとき，直線 PQ の通過する領域を求め，図示せよ．　（北海道大）

162. 2 つの直線

$$l:(k+1)x+(1-k)y+k-1=0, \quad m: kx+y+1=0$$

がある．k がすべての実数値をとるとき，l と m の交点の軌跡を求めよ．

（島根大・改）

三角比・三角関数(1)

基本

163. θ は，$0° < \theta < 180°$，$\tan\theta = -2$ を満たしている．このとき，$\sin\theta$，$\cos\theta$ の値を求めよ．

164. 鋭角三角形ABCがあり，$\angle A = 45°$，外接円の半径は $2\sqrt{2}$ である．また，$BC : CA = \sqrt{2} : \sqrt{3}$ であるという．

(1) 辺BCの長さを求めよ．

(2) ∠Bの大きさを求めよ． （東京理科大）

165. 三角形ABCにおいて，$AC = 2$，$BC = \sqrt{3} - 1$，$\angle C = 30°$ であるとき，ABの長さ，三角形ABCの面積を求めよ． （明治大）

要点

166. 三角形ABCにおいて，$\sin A : \sin B : \sin C = \sqrt{2} : 2 : (\sqrt{3} + 1)$ が成り立っている．

(1) $a : b : c$ を求めよ．

(2) A を求めよ．

167. 三角形ABCで，$AB = 3$，$BC = 7$，$CA = 5$，$\angle A = \theta$ とし，∠Aの二等分線とBCとの交点をDとする．

(1) θ の値を求めよ．

(2) $\sin B$ の値を求めよ．

(3) ADの長さを求めよ．

(4) 三角形ABDの内接円の半径を求めよ． （北里大）

168. 次の条件を満たす三角形ABCはどのような三角形か．

(1) $\dfrac{b}{\sin A} = \dfrac{a}{\sin B}$　　(2) $\dfrac{b}{\cos A} = \dfrac{a}{\cos B}$ （愛媛大）

演習

169. 平行四辺形 ABCD は，$AB=1$，$AD=2$ と $AC=2BD$ を満たすものとする．

(1) $\cos\angle BAD$ の値と対角線 AC，BD の長さを求めよ．

(2) 平行四辺形 ABCD の面積を求めよ．（津田塾大）

170. 円に内接する四角形 ABCD の辺の長さを

$AB=\sqrt{2}$，$BC=4$，$CD=3\sqrt{2}$，$DA=2$

とする．次の問いに答えよ．

(1) 対角線 BD の長さと $\angle DAB$ の大きさを求めよ．

(2) 四角形 ABCD の面積を求めよ．

(3) 2 本の対角線 AC，BD の交点を E とする．AE：EC を求めよ．

（島根大・改）

171. 三角形 ABC において，$AB=6$，$AC=7$，$BC=5$ とする．点 D を辺 AB 上に，点 E を辺 AC 上にとり，三角形 ADE の面積が三角形 ABC の面積の $\frac{1}{3}$ となるようにする．辺 DE の長さの最小値と，そのときの辺 AD，辺 AE の長さを求めよ．（岐阜大）

172. 三角錐 ABCD において辺 CD は底面 ABC に垂直である．$AB=3$ で，辺 AB 上の 2 点 E，F は $AE=EF=FB=1$ を満たし，$\angle DAC=30^\circ$，$\angle DEC=45^\circ$，$\angle DBC=60^\circ$ である．

(1) 辺 CD の長さを求めよ．

(2) $\theta=\angle DFC$ とおくとき，$\cos\theta$ を求めよ．（一橋大）

18 三角比・三角関数(2)

基本

173. (1)　$0 \leqq x \leqq 2\pi$ として，方程式 $6\sin^2 x + 5\cos x - 2 = 0$ を解け．

(2)　$-\pi \leqq \theta < \pi$ として，方程式 $1 + \cos\theta + \cos 2\theta = 0$ を解け．

((1)山形大　(2)小樽商科大・改)

174. $0 \leqq \theta < 2\pi$ の範囲で，次の不等式を解け．

(1)　$\cos\theta < \dfrac{1}{2}$　　(2)　$\sin\left(\theta - \dfrac{\pi}{3}\right) > -\dfrac{1}{2}$

要点

175. 鈍角 θ が $\sin\theta + \cos\theta = \dfrac{1}{2}$ を満たしている．このとき，次の式の値を求めよ．

(1)　$\dfrac{1}{\cos\theta} + \dfrac{1}{\sin\theta}$　　(2)　$\cos^4\theta - \sin^4\theta$　(奈良大)

176. $f(x) = \sin x - \cos 2x$ の $0 \leqq x \leqq \pi$ における最大値，最小値を求めよ．

(東京理科大)

177. $0 \leqq x < 2\pi$ として，不等式 $\sin 3x \geqq \sin x$ を解け．　(信州大)

演習

178. 単位円周上の３点

$$\mathrm{P}(\cos\theta,\ \sin\theta),\ \mathrm{Q}(\cos 2\theta,\ \sin 2\theta),\ \mathrm{R}(\cos 4\theta,\ \sin 4\theta)$$

を考える．θ が $0 \leqq \theta < 2\pi$ の範囲で動くとき，$\mathrm{PQ}^2+\mathrm{QR}^2$ のとり得る値の範囲を求めよ．

（大阪大）

179. $0 \leqq \alpha \leqq \beta \leqq \pi$ のとき，連立方程式

$$\begin{cases} \sin\alpha+\sqrt{3}\sin\beta=\sqrt{3} \\ \cos\alpha+\sqrt{3}\cos\beta=-1 \end{cases}$$

を解け．

（東海大・改）

180. 不等式 $\cos 2x+2a\sin x-a-2<0$ が任意の実数 x について成り立つような a の値の範囲を求めよ．

（東京理科大・改）

181. a は実数の定数とする．方程式 $\sin^2 x+3\cos^2 x-2\cos x-a=0\ (0 \leqq x < 2\pi)$ の解の個数を求めよ．

（福島大・改）

19 三角比・三角関数(3)

基本

182. $0 \leqq x < 2\pi$ とする．次の方程式，不等式を解け．

(1) $\sin x + \sqrt{3}\cos x = \sqrt{2}$　　(2) $\sin x - \cos x < 1$

183. 図の角 θ の大きさを求めよ．

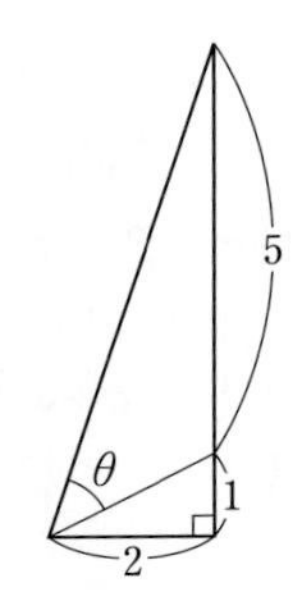

要点

184. $f(\theta) = 3\sin\theta + 4\cos\theta$ とする．

(1) $0 \leqq \theta \leqq 2\pi$ における $f(\theta)$ の最大値，最小値を求めよ．

(2) $0 \leqq \theta \leqq \pi$ における $f(\theta)$ の最大値，最小値を求めよ．

(3) $0 \leqq \theta \leqq \dfrac{\pi}{2}$ における $f(\theta)$ の最大値，最小値を求めよ．

185. 直線 $x - 3y + 6 = 0$ とのなす角が $45°$ で，点 $(9,\ 3)$ を通る直線の方程式を求めよ．

（南山大）

186. $0 \leqq x \leqq \pi$ とする．

(1) $t = \sin x - \cos x$ のとり得る値の範囲を求めよ．

(2) $y = 2\sin 2x - 2(\sin x - \cos x) + 1$ のとり得る値の範囲を求めよ．

（南山大）

187. 関数 $y = \sin^2 x + 4\sin x\cos x + 5\cos^2 x$ の最大値と最小値を求めよ．

（龍谷大）

演習

188. $-\dfrac{\pi}{2}<\alpha<\beta<\dfrac{\pi}{2}$ とする．

$$\sin(x+\alpha)+\sin(x+\beta)=\sqrt{3}\ \sin x$$

が任意の x について成り立つとき，α，β の値を求めよ．　（東京薬科大）

189. 半径 1，中心角 $\dfrac{\pi}{3}$ の扇形 OAB がある．右の図のように，弧 AB 上に 2 点 P，Q，線分 OA 上に点 S，線分 OB 上に点 R を四角形 PQRS が長方形になるようにとる．

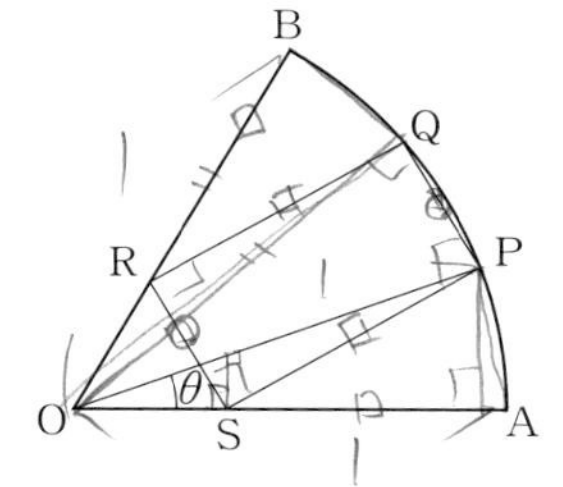

(1)　$\angle \mathrm{AOP}=\theta$ とするとき，線分 OS の長さを θ で表せ．

(2)　長方形 PQRS の面積を最大にする θ およびそのときの面積を求めよ．

（岐阜大）

190. $x>0$ とする．座標平面上の 3 点 A(0，1)，B(0，2)，P(x，x) をとる．x の値が変化するとき，$\angle \mathrm{APB}$ の最大値を求めよ．　（京都大）

191. 半径 1 の円に内接する正五角形 ABCDE を考える．また，$\alpha=\dfrac{2}{5}\pi$ とおく．

(1)　$\sin 3\alpha+\sin 2\alpha=0$ が成り立つことを示せ．

(2)　$\cos\alpha$ の値を求めよ．

(3)　線分 AC の長さを求めよ．　（山形大）

20 指数関数・対数関数

基本

192. 次の方程式を解け.

(1) $8^x-4^x-2^{x+1}+2=0$

(2) $\log_2(x+1)+\log_4(4-x)=2$

((1)津田塾大(2)弘前大)

193. $4^x+4^{-x}=14$ であるとき $2^x+2^{-x}=\boxed{}$ であり，$x=\log_2\left(\boxed{}\pm\sqrt{\boxed{}}\right)$

(青山学院大)

194. 不等式 $0.9^n<0.01$ が成立するような整数 n の最小値を求めよ.
ただし，$\log_{10}3=0.4771$ とする.

(東京水産大)

要点

195. $x\geqq 10$，$y\geqq 10$，$xy=10^3$ のとき，次の各式の最大値と最小値を求めよ．またそのときの x，y の値を求めよ.

(1) $(\log_{10}x)(\log_{10}y)$

(2) $\log_x y$

(鳥取大)

196. ある物質が放射線を出しながら崩壊し，1年間にもとの質量の 4％が減るという．この物質の質量が初めの半分以下になるのは少なくとも何年後か.
ただし，$\log_{10}2=0.3010$，$\log_{10}3=0.4771$ とする.
また，$0.96\times0.96\times0.96\times\cdots$ のような計算をして求めてはいけない.

(信州大)

197. $a>0$，$a\neq 1$ とする．このとき，x の不等式

$$\log_a(x+2)\geqq\log_{a^2}(3x+16)$$

を解け.

(早稲田大)

198. $a^2<b<a<1$であるとき，

$$\log_a b,\quad \log_b a,\quad \log_a \frac{a}{b},\quad \log_b \frac{b}{a},\quad \frac{1}{2}$$

を大小の順に並べよ．　　（早稲田大）

199. 0でない4つの数a，b，c，dに対し，

$$\left(\frac{3}{4}\right)^a=\left(\frac{5}{3}\right)^b=\left(\frac{6}{5}\right)^c=\left(\frac{3}{2}\right)^d$$

が成り立つとき，

$$\frac{1}{a}+\frac{1}{b}+\frac{1}{c}=\frac{1}{d}$$

となることを示せ．　　（埼玉大）

演習

200. 5^{105}は何桁の整数であり，その最高位の数字は何か求めよ．また，$\left(\frac{1}{5}\right)^{105}$は小数第何位に初めて0でない数が現れるか求めよ．ただし，$\log_{10}2=0.3010$，$\log_{10}3=0.4771$とする．

201. 関数$f(x)=4^x+4^{-x}-a2^{2+x}-a2^{2-x}+2$の最小値を求めよ．ただし$a$は定数とする．

202. xとyは不等式

$$\log_x 2-(\log_2 y)(\log_x y)<4(\log_2 x-\log_2 y)$$

を満たすとする．このとき，x，yの組$(x,\ y)$の範囲を座標平面上に図示せよ．

（岩手大）

203. $\log_2 x=\log_3 y=\log_4 z=\log_5 w$のとき，$x^{\frac{1}{2}}$，$y^{\frac{1}{3}}$，$z^{\frac{1}{4}}$，$w^{\frac{1}{5}}$の大小を比較せよ．

（筑波大）

21 極値，接線，関数の決定

基本

204. 次の関数のグラフをかけ．

(1) $y=x^3-4x^2-3x+2$　　(2) $y=\frac{1}{2}x^4+4x^3+9x^2-4$

205. 曲線 $y=x^3-3x$ について，条件を満たす接線の方程式をそれぞれ求めよ．

(1) $(1,\ -2)$ における接線　　(2) 傾きが 24 である接線

(3) $(1,\ -2)$ を通る接線

要点

206. 3 次関数 $f(x)=ax^3+bx^2+cx+d$ が次の条件(i)，(ii)を満たしている．

(i) 関数 $y=f(x)$ のグラフは点 $(2,\ 3)$ を通り，この点における接線の傾きは5である．

(ii) 関数 $y=f(x)$ は $x=1$ で極値 1 をとる．

このとき，次の問いに答えよ．

(1) 係数 a，b，c，d を求めよ．

(2) 関数 $f(x)$ の極大値と極小値を求めよ．（香川大）

207. 曲線 $y=x^3-2x-5$ を C とする．点 $(3,\ 0)$ から曲線 C へは複数の接線が引けるが，それらのうち接点の x 座標が最も小さい接線を l とする．このとき，次の問いに答えよ．

(1) l の方程式を求めよ．

(2) 曲線 C と接線 l が，接点以外に共有する点の座標を求めよ．（岩手大）

208. 放物線 C：$y=x^2$ 上の点 P における法線とは，点 P における C の接線と点 P で垂直に交わる直線である．このとき，次の問いに答えよ．

(1) $p\neq 0$ とする．点 $(p,\ p^2)$ における C の法線の方程式を求めよ．

(2) 点 $\left(2,\ \frac{1}{2}\right)$ を通る C の法線の方程式を求めよ．

演習

209. a は０でない定数として，xy 平面における曲線 C_1： $y=ax$
C_2： $y=(x-1)^2$ を考える．C_1 と C_2 の両方に接する直線が，x 軸の
ただ１つあるような a の値を求めよ． （東京理科大）

210. $f(x)=x^4+4x^3-6ax^2$ が極大値をもつ条件を求めよ． （小樽商科大）

211. a を実数とする．関数 $f(x)=x^3-3ax^2+3(a^2+a-3)x$ が区間 $x>2$ で極値をもたないような a の値の範囲を求めよ． （佐賀大）

212. ３次関数 $f(x)=x^3+ax^2+bx+c$ は $x=\alpha$ で極大値をとり $x=\beta$ で極小値をとる．２点 $(\alpha,\ f(\alpha))$，$(\beta,\ f(\beta))$ は直線 $y=-2x+7$ 上にあり，２点 $(\alpha,\ f(\beta))$，$(\beta,\ f(\alpha))$ は直線 $y=2x-1$ 上にある．

(1) $\alpha+\beta$ を求めよ．

(2) a，b，c を求めよ． （一橋大）

22 微分法と最大・最小，不等式への応用

基本

213. 関数 $f(x)=x^3-3x^2-9x+10$ について，$-4 \leqq x \leqq 4$ における最大値，最小値を求めよ．（九州産業大・改）

214. $x \geqq 0$ のとき，$x^3-3x+3>0$ が成り立つことを示せ．

要点

215. a は正の定数とし，関数 $y=x^3-4x^2+4x$ の $0 \leqq x \leqq a$ における最大値を $M(a)$ とする．$b=M(a)$ のグラフを ab 平面にかけ．

216. 縦 40cm，横 25cm の長方形がある．その四隅から，1 辺の長さ $x$cm の正方形を切り取り，残りの紙を折り曲げて，直方体の形の，ふたのない容器を作る．このとき，この箱の容積を Vcm^3 とする．V を x の式で表せ．また V が最大となる x の値を求めよ．（京都大）

217. a を定数とし，関数 $f(x)=x^3-3ax+a$ を考える．$0 \leqq x \leqq 1$ において $f(x) \geqq 0$ となるような a の範囲を求めよ．（大阪大）

218. 不等式 $3x^4-4ax^3-6x^2+12ax+7 \geqq 0$ がすべての実数 x に対して成り立つような a の範囲を求めよ．（香川大）

演習

219. (1) $a>0$, $b>0$とする. $f(x)=x^3-3abx+a^3+b^3$の$x>$
べ, 極値を求めよ.

(2) (1)の結果を利用して, 正の数p, q, rに対して

$$\frac{p+q+r}{3} \geqq \sqrt[3]{pqr}$$

が成り立つことを示せ. また, 等号が成立する条件を求めよ.

(学習院大・改)

220. 関数$f(x)=2\sin^3 x+2\cos^3 x+3\sin x\cos x-3\sin x-3\cos x+2$について, 次の問いに答えよ.

(1) $t=\sin x+\cos x$として, $f(x)$をtの式で表せ.

(2) $f(x)$の最大値と最小値を求めよ. (中部大)

221. 半径a($a>0$)の球に内接する直円錐の体積の最大値, および, それを与える円錐の高さを求めよ. (学習院大)

222. aを定数とし, $f(x)=x^3-3ax^2+a$とする. $x \leqq 2$の範囲で$f(x)$の最大値が105となるようなaをすべて求めよ. (一橋大)

23 微分法の方程式への応用

基本

223. x の 3 次方程式 $x^3-3x^2=a$ を考える.

(1)　$a=-3$ のとき，異なる実数解の個数を求めよ.

(2)　$a=1$ のとき，実数解はただ 1 つであり，その解は $3<x<4$ の範囲にあることを示せ.

要点

224. (1)　関数 $y=x^3-6x^2+9x$ のグラフをかけ.

(2)　方程式 $x^3-6x^2+9x-k=0$ の実数解はいくつあるか. k の値で分類して考えよ.

225. a を実数とする. x についての 3 次方程式 $\frac{1}{3}x^3-a^2x+a=0$ が異なる 3 つの実数解をもつとき，a の範囲を求めよ.　(立命館大)

226. $f(x)=x^3-3x$ とする.

(1)　点 $(t,\ f(t))$ における曲線 $y=f(x)$ の接線の方程式を求めよ.

(2)　(1)の接線が $(-1,\ a)$ を通るような実数 t がただ 1 つ存在するとき，実数 a の値の範囲を求めよ.　(東北学院大・改)

演習

227. 方程式 $x^3-4x+a=0$ の解 α, β, γ がすべて実数となるよ
範囲を求めよ．また，そのときの $|\alpha|+|\beta|+|\gamma|$ の最大値と最小値を求めよ．

（学習院大）

228. a, b は実数とする．x の３次関数 $f(x)=x^3-3ax-2b$ について，以下の問いに答えよ．

(1) 方程式 $f(x)=0$ の異なる実数解の個数を調べよ．

(2) 方程式 $f(x)=0$ が２つの異なる実数解をもつとき，その解を a を用いて表せ．

(3) 方程式 $f(x)=0$ が３つの異なる実数解をもつとき，それらの絶対値はすべて $2\sqrt{|a|}$ より小さいことを示せ．

（福島県立医科大）

229. ３次関数 $f(x)=x^3-3x^2-4x+k$ について，次の問いに答えよ．ただし，k は定数とする．

(1) $f(x)$ が極値をとるときの x を求めよ．

(2) 方程式 $f(x)=0$ が異なる３つの整数解をもつとき，k の値およびその整数解を求めよ．

（横浜国立大）

230. 点 $(a,\ b)$ を通り曲線 $y=x^3-x$ に接するような異なる３本の直線が存在するための実数 a, b が満たすべき条件を求め，それを満たす点 $(a,\ b)$ の存在する領域を図示せよ．

（琉球大）

24 積分の計算

基本

231. 次の定積分を計算せよ.

(1) $\displaystyle\int_0^3 (x+1)(x-4)dx$　　(2) $\displaystyle\int_0^1 x(x+2)^2 dx$

232. $\displaystyle\int_a^x f(t)dt=x^2-6x+9$ を満たす関数 $f(x)$ と定数 a の値を求めよ.　（名城大）

233. 定積分 $\displaystyle\int_0^2 |x^2-x|dx$ の値を求めよ.　（京都産業大）

要点

234. 2次関数 $f(x)$ は次の条件を満たす.

$$f(1)=1,\quad f(-1)=-1,\quad \int_{-1}^1 f(x)dx=4$$

このとき, $f(x)$ を求めよ.

235. $f(x)=x^2+4x-\displaystyle\int_0^1 f(t)dt$ を満たす関数 $f(x)$ を求めよ.　（立教大）

236. 0以上の実数 a に対して, $f(a)=\displaystyle\int_0^a |x^2-3|dx$ とおく. このとき, 以下の問いに答えよ.

(1) $0 \leqq a \leqq \sqrt{3}$ のとき, $f(a)$ を求めよ.

(2) $a > \sqrt{3}$ のとき, $f(a)$ を求めよ.　（岩手大・改）

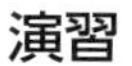

演習

237. 実数 a，b に対して $f(a,\ b)=\displaystyle\int_0^1 (x^2+ax+b)^2dx$ とおく．

(1)　$f(a,\ b)$を求めよ．

(2)　$f(a,\ b)$の最小値と，それを与える a，b の値を求めよ．　（名古屋大）

238. $P(x)$は x^3 の係数が１の３次式であり，２次以下のどんな整式 $f(x)$に対しても $\displaystyle\int_{-1}^1 P(x)f(x)dx=0$ を満たす．このとき，$P(x)$を求めよ．　（京都大）

239. a は定数とする．整式 $f(x)$が

$$\int_0^x f(t)dt+\int_0^1 xf(t)dt=x^2+2x+a$$

を満たすとき，a の値と $f(x)$を求めよ．　（南山大）

240. a が正の値をとりながら動くとき，$I(a)=\displaystyle\int_0^1 |(x-a)(x-2a)|dx$ が最小となる a の値を求めよ．　（佐賀大）

25 定積分と面積

基本

241. 次の曲線と x 軸で囲まれた部分の面積を求めよ.

(1)　$y=-x^2+6x-5$　　(2)　$y=2x^2-10$

242. 放物線 $y=x^2$ と直線 $y=x+2$ で囲まれた部分の面積を求めよ.

要点

243. (1)　等式 $\int_{\alpha}^{\beta}(x-\alpha)(x-\beta)dx=-\frac{1}{6}(\beta-\alpha)^3$ が成り立つことを示せ.

(2)　2つの曲線 $y=x^2$,　$y=-x^2+2x+1$ で囲まれる図形の面積を求めよ.

(愛媛大・改)

244. 次の連立不等式の表す領域の面積を求めよ.

$$\begin{cases} y \geqq x^2-1 \\ y \leqq x+1 \\ y \geqq 0 \end{cases}$$

(慶應義塾大)

245. 放物線 $y=x^2-5x+8$ に点 $(3, 1)$ から 2 本の接線を引くとき, 次の問いに答えよ.

(1)　2 本の接線の方程式を求めよ.

(2)　放物線と 2 本の接線で囲まれる部分の面積を求めよ.　(慶應義塾大・改)

246. 2つの曲線 $y=x^3-16x$ と $y=-x^3-2x^2+a$ は x 座標が負の点を共有し, かつ, その点で共通の接線 l をもつとする.

(1)　a を求めよ.

(2)　l の方程式を求めよ.

(3)　2つの曲線で囲まれた図形の面積を求めよ.

(東北大)

演習

247. 曲線 $y=x^2(x+1)$ と直線 $y=k^2(x+1)$ とで囲まれる部分の面
うに，定数 k の値を定めよ．ただし，$0\leqq k\leqq 1$ とする．

248. 曲線 C： $y=|x^2-5x|-2x$ と直線 l： $y=(m-7)x$ は，原点以外に２つの共有点をもつとする．このとき，次の問いに答えよ．

(1) m の値の範囲を求めよ．

(2) C と l とで囲まれた２つの部分の面積が等しくなるような m の値を求めよ．

（青山学院大）

249. 放物線 P： $y=x^2-2x$ と点 A$(2,\ 1)$ がある．点 A を通り傾き m の直線を l とし，放物線 P と直線 l で囲まれた図形の面積を S とする．

(1) すべての m に対し，放物線 P と直線 l は異なる２点で交わることを示せ．

(2) S^2 を m を用いて表せ．

(3) S が最小となるときの l の方程式を求めよ．

（法政大）

250. 曲線 C： $y=x^3-x$ 上の点 P$(a,\ a^3-a)$ における接線 l が曲線 C と交わる点を Q$(b,\ b^3-b)$ とする．ただし，$a>0$，$b<0$ とする．次の問いに答えよ．

(1) b を a の式で表せ．

(2) 曲線 C と接線 l とで囲まれた部分の面積 S_1 を a の式で表せ．

(3) 点 Q における曲線 C の接線を m とする．曲線 C と接線 m とで囲まれた部分の面積を S_2 とするとき，$\dfrac{S_2}{S_1}$ を求めよ．

（福岡教育大）

26 等差数列・等比数列

基本

251. 等差数列$\{a_n\}$において，その第3項が8，第7項が20である．このとき，初項は$\boxed{}$，公差は$\boxed{}$であり，一般項をa_nとすると，$\sum_{k=1}^{20} a_k=\boxed{}$である． （東海大）

252. 第2項が12，第5項が768となる公比が実数の等比数列$\{a_n\}$の一般項は$\boxed{}$，初項から第n項までの和は$\boxed{}$である． （北九州市立大）

要点

253. ある等差数列の第n項をa_nとするとき，

$$a_{10}+a_{11}+a_{12}+a_{13}+a_{14}=365,\quad a_{15}+a_{17}+a_{19}=-6$$

が成立している．このとき，次の問いに答えよ．

(1) この等差数列の初項と公差を求めよ．

(2) この等差数列の初項から第n項までの和をS_nとするとき，S_nの最大値を求めよ． （岩手大）

254. 4つの数x, $2x-5$, y, zがこの順で等差数列になっている．次の問いに答えよ．

(1) yおよびzをそれぞれxを用いて表せ．

(2) xを0でない数とする．x, y, zがこの順で等比数列になっているとき，xの値をすべて求めよ． （関西大）

255. 奇数の数列1，3，5，…を，第n群がn個の奇数を含むように分ける．

$\{1\}$，$\{3,\ 5\}$，$\{7,\ 9,\ 11\}$，$\{13,\ 15,\ 17,\ 19\}$，…

(1) 第10群の最初の数を求めよ．

(2) 第8群の数の和を求めよ．

(3) 999は第何群の第何番目の数であるか． （青山学院大）

256. 数列1，$\frac{2}{3}$，$\frac{3}{3^2}$，$\frac{4}{3^3}$，…の第n項までの和を求めよ． （宮崎大）

演習

257. 初項 a，公比 r の等比数列 $\{a_n\}$ において，

$$a_1 < a_2,\quad a_1+a_2+a_3=42,\quad a_1a_2a_3=512$$

とする．ただし，a，r は実数である．

(1) 初項 a，公比 r を求めよ．

(2) $S_n=a_1+a_2+a_3+\cdots+a_n$ $(n=1,\ 2,\ 3,\ \cdots)$ とするとき，$S_n>10^5$ を満たす最小の n を求めよ．ただし，$\log_{10}2=0.3010$，$\log_{10}3=0.4771$ とする．

(県立広島大)

258. 2つの数列 $\{a_n\}$，$\{b_n\}$ の一般項をそれぞれ

$$a_n=2^n,\quad b_n=3n+2\quad (n=1,\ 2,\ 3,\ \cdots)$$

とする．$\{a_n\}$ の項のうち，$\{b_n\}$ の項であるものを小さいものから順に並べて得られる数列を $\{c_n\}$ とする．

(1) $\{c_n\}$ の初項から第5項までを書け．

(2) $\{c_n\}$ は等比数列であることを示せ．

(大阪大)

259. 自然数 n に対して，$x \geqq 0$，$y \geqq 0$，$2x+y \leqq n$ を満たす整数 x，y の組 $(x,\ y)$ の個数を a_n として，数列 $\{a_n\}$ をつくる．この数列の一般項 a_n を求めよ．

(岐阜大)

260. 第 n 項が，$a_n=[\log_2 n]$ $(n=1,\ 2,\ 3,\ \cdots)$ で表される数列 $\{a_n\}$ について，次の問いに答えよ．ただし，$[\log_2 n]$ は $\log_2 n$ を超えない最大の整数を表す．

(1) a_{100} を求めよ．

(2) $\displaystyle\sum_{k=1}^{2^m-1} a_k$ を求めよ．ただし，m は自然数とする．

(宮崎大)

27 いろいろな数列の和

基本

261. 次の和を計算せよ．

$$\sum_{k=1}^{n} \frac{2}{\sqrt{k}+\sqrt{k+1}}$$

（明治大）

262. $\sum_{k=1}^{n}(k^2+2k+3)$ を計算せよ．（武蔵大）

263. 次の式の値を求めよ．

$$1^2-2^2+3^2-4^2+\cdots+(2n-1)^2-(2n)^2$$

（津田塾大）

要点

264. $1\cdot N+2\cdot(N-1)+3\cdot(N-2)+\cdots+N\cdot 1$ を求めよ．（東京農業大）

265. $\{a_n\}$，$\{b_n\}$ はともに初項が 6，第 2 項が 3，第 3 項が 2 の数列である．

(1) $c_n=a_{n+1}-a_n$ $(n=1, 2, 3, \cdots)$ とおく．数列 $\{c_n\}$ が等差数列であるとき，a_n を求めよ．

(2) $d_n=b_{n+1}-b_n$ $(n=1, 2, 3, \cdots)$ とおく．数列 $\{d_n\}$ が等比数列であるとき，b_n を求めよ．

（秋田大・改）

266. 数列 $\{a_n\}$ の初項から第 n 項までの和 S_n が

$$S_n=n^3+6n^2+11n \quad (n=1, 2, 3, \cdots)$$

のとき，

(1) a_n を n の式で表せ．

(2) $\sum_{k=1}^{n}\frac{1}{a_k}$ を n の式で表せ．

（福岡大）

演習

267. 2でも3でも割り切れない正の整数全体を小さいものから順に並べて

$$a_1,\ a_2,\ a_3,\ \cdots,\ a_n,\ \cdots$$

とする.

(1) a_{2n-1} と a_{2n} を n で表せ.

(2) 与えられた正の整数 n に対して, $a_m \leqq 6n$ となる最大の m を求めよ.

(3) (2)の m に対して, $\displaystyle\sum_{k=1}^{m} a_k{}^2$ を求めよ. (筑波大)

268. $(x+1)(x+2)(x+3)\cdots(x+n)$ の展開式について, 次の問いに答えよ. ただし, n は2以上の整数とする.

(1) x^{n-1} の係数を求めよ.

(2) x^{n-2} の係数を求めよ. (茨城大)

269. 数列 $\{a_n\}$ が

$$a_1+2a_2+3a_3+\cdots+na_n=\frac{n+1}{n+2}\quad (n=1,\ 2,\ 3,\ \cdots)$$

を満たすとき, 数列の和

$$S_n=a_1+a_2+a_3+\cdots+a_n$$

を求めよ. (滋賀大)

270. 平面上の点 A_n から原点Oまでの距離を n とする.

ただし, $\angle \mathrm{A}_n\mathrm{OA}_{n+1}=\dfrac{\pi}{6}\ (n=1,\ 2,\ 3,\ \cdots)$ であり, 三角形 $\mathrm{A_1OA_2}$, $\mathrm{A_2OA_3}$, $\mathrm{A_3OA_4}$, …は時計回りに並ぶものとする.

(1) 三角形 $\mathrm{A}_n\mathrm{OA}_{n+1}$ の面積を S_n とする. $\displaystyle\sum_{k=1}^{n} S_k$ を求めよ.

(2) n 個の三角形 $\mathrm{A_1OA_2}$, $\mathrm{A_2OA_3}$, $\mathrm{A_3OA_4}$, …, $\mathrm{A}_n\mathrm{OA}_{n+1}$ を合わせて得られる図形の面積 D_n を求めよ. (島根大・改)

28 漸化式

基本

271. $a_1=2$, $a_{n+1}-a_n=5$ $(n=1, 2, 3, \cdots)$ で定められる数列 $\{a_n\}$ の第100項を求めよ.
(拓殖大)

272. $a_1=1$, $a_{n+1}=a_n+2^n-2n$ $(n=1, 2, 3, \cdots)$ で定義される数列の一般項 a_n を求めよ.
(法政大)

273. $a_1=2$, $a_{n+1}=4a_n+3$ $(n=1, 2, 3, \cdots)$ により定められた数列の一般項を求めよ.
(山梨大)

要点

274. 数列 $\{a_n\}$ を

$$a_1=\frac{1}{3},\quad \frac{1}{a_{n+1}}-\frac{1}{a_n}=1\quad (n=1, 2, 3, \cdots)$$

で定め, 数列 $\{b_n\}$ を

$$b_1=a_1a_2,\quad b_{n+1}-b_n=a_{n+1}a_{n+2}\quad (n=1, 2, 3, \cdots)$$

で定める.

(1) 一般項 a_n を n を用いて表せ.

(2) 一般項 b_n を n を用いて表せ.
(大阪大)

275. $a_1=2$, $a_{n+1}=2a_n-2n+1$ $(n=1, 2, 3, \cdots)$ によって定められる数列 $\{a_n\}$ について, 次の問いに答えよ.

(1) $b_n=a_n-(\alpha n+\beta)$ とおいて, 数列 $\{b_n\}$ が等比数列になるように定数 α, β の値を定めよ.

(2) 一般項 a_n を求めよ.
(滋賀大・改)

276. $a_1=1$，$a_2=1$，$a_{n+2}=5a_{n+1}-6a_n$ $(n=1, 2, 3, \cdots)$ で定義される数列 $\{a_n\}$ について，

(1)　数列 $\{a_{n+1}-2a_n\}$ $(n=1, 2, 3, \cdots)$ の一般項を n で表せ．

(2)　数列 $\{a_n\}$ の一般項を n で表せ．　（中京大・改）

277. 1辺の長さが $2a$ の正三角形ABCに内接する円を O_1 とする．三角形ABC内で辺ABおよびACに接し，円 O_1 に外接する円を O_2 とする．順々に辺ABおよびACに接し，円 O_n に外接する円を O_{n+1} $(n=1, 2, 3, \cdots)$ とする．

(1)　円 O_1 の半径 r_1 を求めよ．

(2)　円 O_n の半径を r_n とするとき，r_{n+1} を r_n を用いて表せ．

(3)　円 O_n の面積を S_n とするとき，$\sum_{k=1}^{n} S_k$ を求めよ．　（専修大・改）

演習

278. 数列 $\{a_k\}$ が，$a_1=1$，$(k+2)a_k=(k-1)a_{k-1}$ $(k=2, 3, 4, \cdots)$ で定められている．

(1)　a_k を k の式で表せ．

(2)　$\sum_{k=1}^{n} a_k$ を n の式で表せ．　（小樽商科大）

279. 数列$\{a_n\}$を，$a_1=2$，$a_n=2a_{n-1}+2\cdot 6^{n-1}$ $(n=2,\ 3,\ 4,\ \cdots)$で定めるとき，一般項a_nを求めよ．

（学習院大）

280. 数列$\{a_n\}$の初項から第n項までの和S_nが，

$$S_n=-a_n+3n\quad(n=1,\ 2,\ 3,\ \cdots)$$

と表されている．

(1) 初項a_1を求めよ．

(2) $n\geqq 2$のとき，a_nとa_{n-1}との間に成り立つ関係式を求めよ．

(3) 一般項a_nを求めよ．

（大分大）

281. 下図のように，点の個数を増やしていくとき，n番目の図形A_nに含まれる点の個数をa_nとする．数列$\{a_n\}$について，次の各問に答えよ．

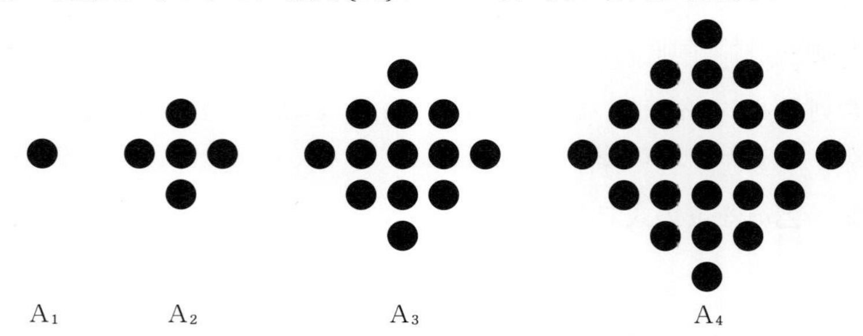

(1) 一般項a_nをnを用いて表せ．

(2) $a_1+a_2+a_3+\cdots+a_n$を求めよ．

（宮崎大・改）

29 数学的帰納法

基本

282. $a_1=\frac{1}{3}$, $a_{n+1}=\frac{1}{2-a_n}$ $(n=1,\ 2,\ 3,\ \cdots)$ で定義される数列$\{a_n\}$について,

(1) a_2, a_3, a_4を求めよ.

(2) a_nを表すnの式を推定し,それが正しいことを数学的帰納法により証明せよ.

(九州芸術工科大・改)

要点

283. nを自然数,iを虚数単位として,

$$(\cos\theta+i\sin\theta)^n=\cos n\theta+i\sin n\theta$$

が成り立つことを示せ.

(慶應義塾大・改)

284. 等式$1\cdot1+2\cdot2+3\cdot2^2+\cdots+n\cdot2^{n-1}=(n-1)\cdot2^n+1$が成り立つことを数学的帰納法により証明せよ.

285. すべての自然数nについて,次の不等式が成り立つことを示せ.

$$1+\frac{1}{2}+\frac{1}{3}+\cdots+\frac{1}{n}\geqq\frac{2n}{n+1}$$

(宮崎大)

演習

286. 任意の自然数 n に対して，次の等式が成り立つことを証明せよ．

$$\frac{1}{1\cdot 2}+\frac{1}{3\cdot 4}+\cdots+\frac{1}{(2n-1)\cdot 2n}=\frac{1}{n+1}+\frac{1}{n+2}+\cdots+\frac{1}{n+n}$$

（弘前大）

287. n が自然数のとき，$11^{n+1}+12^{2n-1}$ は 19 で割り切れることを示せ．（学習院大）

288. 次の問いに答えよ．

(1) $2^m \leqq 4m^2$ であるが，$2^{m+1}>4(m+1)^2$ である最小の自然数 m を求めよ．

(2) m を(1)で求めた自然数とする．そのとき，$m<n$ を満たすすべての自然数 n について，$4n^2<2^n$ が成り立つことを示せ．

(3) $S_n=\sum_{k=1}^{n}2^k-\sum_{k=1}^{n}4k^2$ とする．n を動かしたときの S_n の最小値を求めよ．

（九州大）

289. p を正の整数とし，2 次方程式 $x^2-px-1=0$ の 2 つの解を α，β とする．
数列 $\{a_n\}$ を

$$a_n=\alpha^{n-1}+\beta^{n-1}\quad(n=1,\ 2,\ 3,\ \cdots)$$

によって定める．

(1) $a_{n+2}=pa_{n+1}+a_n$ が成り立つことを示せ．

(2) すべての正の整数 n に対し，a_n は正の整数であることを示せ．

(3) p が奇数であるとき，すべての正の整数 n に対し，a_n と a_{n+1} の最大公約数は 1 であることを示せ．

（広島市立大・改）

30 平面ベクトル

基本

290. 図のように，同一直線上にある 3 点 A，B，C は AB：BC＝1：2 を満たしている．$\overrightarrow{\mathrm{OC}}$ を $\overrightarrow{\mathrm{OA}}$，$\overrightarrow{\mathrm{OB}}$ を用いて表せ．

（東京電機大）

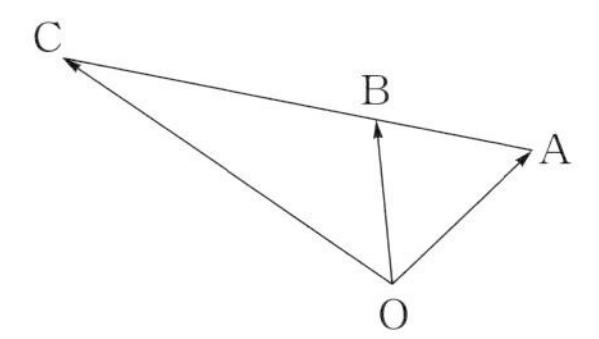

291. $\vec{a} \neq \vec{0}$，$\vec{b} \neq \vec{0}$，$\vec{a} \not\parallel \vec{b}$ である 2 つのベクトル $\vec{a}$，$\vec{b}$ があって，これらが，

$$s(\vec{a}+3\vec{b})+t(-2\vec{a}+\vec{b})=-5\vec{a}-\vec{b}$$

を満たすとき，s，t の値を求めよ．（摂南大）

292. 平行四辺形 ABCD の辺 BC を 1：2 に内分する点を E，直線 AE と対角線 BD との交点を F，直線 AE と直線 CD との交点を G とする．$\overrightarrow{\mathrm{AB}}=\vec{a}$，$\overrightarrow{\mathrm{AD}}=\vec{b}$ とするとき，3 つのベクトル $\overrightarrow{\mathrm{AE}}$，$\overrightarrow{\mathrm{AF}}$，$\overrightarrow{\mathrm{AG}}$ を $\vec{a}$，$\vec{b}$ を用いて表せ．

（茨城大）

要点

293. 三角形 OAB において，OA＝3，OB＝4，AB＝2 とする．三角形 OAB の重心を G，内心を I とするとき，ベクトル $\overrightarrow{\mathrm{OG}}$，$\overrightarrow{\mathrm{OI}}$ をベクトル $\overrightarrow{\mathrm{OA}}$，$\overrightarrow{\mathrm{OB}}$ を用いて表せ．

（東京理科大）

294. AD//BC，BC＝2AD である四角形 ABCD がある．点 P，Q が，

$$\overrightarrow{\mathrm{PA}}+2\overrightarrow{\mathrm{PB}}+3\overrightarrow{\mathrm{PC}}=\vec{0}，\quad \overrightarrow{\mathrm{QA}}+\overrightarrow{\mathrm{QC}}+\overrightarrow{\mathrm{QD}}=\vec{0}$$

を満たすとき，次の問いに答えよ．

(1) AB と PQ が平行であることを示せ．

(2) 3 点 P，Q，D が一直線上にあることを示せ．（滋賀大）

295. 三角形OABにおいて，$\overrightarrow{\mathrm{OA}}=\vec{a}$，$\overrightarrow{\mathrm{OB}}=\vec{b}$とし，点Cと点Dを$\overrightarrow{\mathrm{OC}}=2\vec{a}$，$\overrightarrow{\mathrm{OD}}=3\vec{b}$によりそれぞれ定める．また，線分ADと線分BCの交点をEとする．

(1) $\mathrm{AE}:\mathrm{AD}=t:1\ (0<t<1)$とするとき，$\overrightarrow{\mathrm{OE}}$を$t$，$\vec{a}$，$\vec{b}$を用いて表せ．

(2) $\mathrm{BE}:\mathrm{BC}=s:1\ (0<s<1)$とするとき，$\overrightarrow{\mathrm{OE}}$を$s$，$\vec{a}$，$\vec{b}$を用いて表せ．

(3) (1)と(2)を利用することにより，$\overrightarrow{\mathrm{OE}}$を$\vec{a}$と$\vec{b}$を用いて表せ．

（高知大・改）

296. 座標平面上に3点O(0, 0)，A(3, 2)，B(1, 5)がある．

(1) 三角形OABの面積を求めよ．

(2) sとtが条件$s\geqq 0$，$t\geqq 0$，$1\leqq s+t\leqq 2$を満たすとき，$\overrightarrow{\mathrm{OP}}=s\overrightarrow{\mathrm{OA}}+t\overrightarrow{\mathrm{OB}}$で定まる点Pの存在する範囲の面積を求めよ．（東京女子大）

演習

297. 三角形ABCにおいて，辺ABを2：1に内分する点をP，辺ACを3：1に外分する点をQ，PQとBCの交点をRとするとき，

(1) $\overrightarrow{\mathrm{AP}}$，$\overrightarrow{\mathrm{AQ}}$，$\overrightarrow{\mathrm{AR}}$を$\overrightarrow{\mathrm{AB}}$，$\overrightarrow{\mathrm{AC}}$を用いて表せ．

(2) 三角形CQRの面積は三角形ABCの面積の何倍か．（摂南大）

298. 三角形OABにおいて，辺AB上に点Qをとり，直線OQ上
ただし，点Pは点Qに関して点Oと反対側にあるとする
OAP，OBP，ABPの面積をそれぞれ a，b，c とする．

(1) $\overrightarrow{OQ}$ を $\overrightarrow{OA}$，$\overrightarrow{OB}$ および a，b を用いて表せ．

(2) $\overrightarrow{OP}$ を $\overrightarrow{OA}$，$\overrightarrow{OB}$ および a，b，c を用いて表せ．

(3) 3辺OA，OB，ABの長さをそれぞれ3，5，6とする．点Pを中心とし，3直線OA，OB，ABに接する円が存在するとき，$\overrightarrow{OP}$ を $\overrightarrow{OA}$，$\overrightarrow{OB}$ を用いて表せ．

（九州大）

299. 平行四辺形ABCDにおいて，三角形ABCの内部に点P，三角形ADCの内部に点Qがある．$\overrightarrow{AP}+3\overrightarrow{BP}+2\overrightarrow{CP}=\vec{0}$，$3\overrightarrow{AQ}+4\overrightarrow{DQ}+2\overrightarrow{CQ}=\vec{0}$ が成り立つとき，

(1) 3つの三角形PAB，PBC，PCAの面積比を求めよ．

(2) 平行四辺形ABCDと四角形APCQの面積比を求めよ．

（立命館大）

300. 原点をOとする座標平面上に，点A(2，0)を中心とする半径1の円 C_1 と，点B(−4，0)を中心とする半径2の円 C_2 がある．点Pは C_1 上を，点Qは C_2 上を，それぞれ独立に，自由に動きまわるとする．

(1) $\overrightarrow{OS}=\dfrac{1}{2}(\overrightarrow{OA}+\overrightarrow{OQ})$ とするとき，点Sが動くことのできる範囲を求め，その概形をかけ．

(2) $\overrightarrow{OR}=\dfrac{1}{2}(\overrightarrow{OP}+\overrightarrow{OQ})$ とするとき，点Rが動くことのできる範囲を求め，その概形をかけ．

（岡山大）

31 ベクトルの内積

基本

301. 1辺の長さが a の正六角形ABCDEFにおいて，内積

$\overrightarrow{AD}\cdot\overrightarrow{BF}$，$\overrightarrow{AD}\cdot\overrightarrow{BD}$，$\overrightarrow{AD}\cdot\overrightarrow{CF}$

をそれぞれ求めよ．

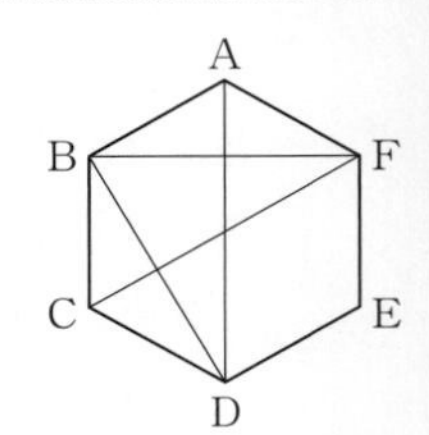

302. 3つのベクトル $\vec{a}=(4,\ -3)$，$\vec{b}=(-5,\ 2)$，および $\vec{c}=(1,\ 3)$ について，$t\vec{a}+\vec{b}$ と $\vec{c}$ が垂直になるような t の値を求めよ．（東京電機大）

303. $\vec{a}=(-4,\ 3)$，$\vec{b}=(3,\ 1)$ に対して，$|\vec{a}+t\vec{b}|$ の最小値を求めよ．また，このとき，$\vec{a}+t\vec{b}$ と $\vec{b}$ とのなす角を求めよ．（立命館大・改）

要点

304. 三角形OABにおいて，$\overrightarrow{OA}=\vec{a}$，$\overrightarrow{OB}=\vec{b}$ とする．$|\vec{a}|=3$，$|\vec{b}|=2$，$|\vec{a}-2\vec{b}|=\sqrt{7}$ のとき，

(1)　$\vec{a}$ と $\vec{b}$ の内積 $\vec{a}\cdot\vec{b}$ の値を求めよ．

(2)　三角形OABの面積を求めよ．（慶應義塾大）

305. 三角形OABにおいて，OA＝2，OB＝3，AB＝4である．点Oから辺ABに下ろした垂線の足をHとする．$\overrightarrow{OA}=\vec{a}$，$\overrightarrow{OB}=\vec{b}$ とおくとき，$\overrightarrow{OH}$ を $\vec{a}$，$\vec{b}$ を用いて表せ．（小樽商科大）

306. 三角形ABCにおいて，AB＝2，AC＝3，∠A＝60°，$\overrightarrow{AB}=\vec{b}$，$\overrightarrow{AC}=\vec{c}$ とする．このとき，三角形ABCの外心をOとして，$\overrightarrow{AO}=x\vec{b}+y\vec{c}$ と表したとき，x，y の値を求めよ．（滋賀大・改）

307. 平面上に$|\vec{a}|=|\vec{b}|=2$, $|\vec{a}-\vec{b}|=2\sqrt{3}$ を満たすベクトル$\vec{a}$, $\vec{b}$ カ
$(\vec{p}-\vec{a})\cdot(\vec{p}-\vec{b})=0$ を満たすベクトル$\vec{p}$について, $|\vec{p}|$の最大値
求めよ. (学習院大・改)

演習

308. $AC=4AB$ を満たす三角形ABCにおいて, 辺ABを$2:1$に内分する点をD, 辺ACを$1:2$に内分する点をE, 線分BEとCDの交点をFとする.

(1) $\overrightarrow{AF}$を$\overrightarrow{AB}$と$\overrightarrow{AC}$を用いて表せ.

(2) $\angle BAF=30^\circ$のとき, $\angle BAC$の大きさを求めよ. (福井大)

309. 三角形OABにおいて, 辺OBの中点をM, 辺ABを$\alpha:1-\alpha$に内分する点をPとする. ただし, $0<\alpha<1$とする. 線分OPとAMの交点をQとし, Qを通り, 線分AMに垂直な直線が, 辺OAまたはその延長と交わる点をRとする. $\overrightarrow{OA}=\vec{a}$, $\overrightarrow{OB}=\vec{b}$として, 次の問に答えよ.

(1) ベクトル$\overrightarrow{OP}$と$\overrightarrow{OQ}$を$\vec{a}$, $\vec{b}$およびαを用いて表せ.

(2) $|\vec{a}|=2$, $|\vec{b}|=3$, $\angle AOB=\theta$で$\cos\theta=\dfrac{1}{6}$とする. このとき, ベクトル$\overrightarrow{OR}$を$\vec{a}$とαを用いて表せ. (九州大・改)

310. 三角形ABCの外心Oから直線BC, CA, ABに下ろした垂線の足をそれぞれP, Q, Rとするとき, $\overrightarrow{OP}+2\overrightarrow{OQ}+3\overrightarrow{OR}=\vec{0}$が成立しているとする.

(1) $\overrightarrow{OA}$, $\overrightarrow{OB}$, $\overrightarrow{OC}$の関係式を求めよ.

(2) $\angle A$の大きさを求めよ. (京都大)

311. 1辺の長さが2の正三角形ABCの外接円を円Oとする. 点Pが円Oの周上を動く.

(1) 円Oの半径を求めよ.

(2) 内積の和$\overrightarrow{PA}\cdot\overrightarrow{PB}+\overrightarrow{PB}\cdot\overrightarrow{PC}+\overrightarrow{PC}\cdot\overrightarrow{PA}$を求めよ.

(3) 内積$\overrightarrow{PA}\cdot\overrightarrow{PB}$の最大値, 最小値を求めよ. (福井大)

32 空間ベクトル

基本

312. 四面体OABCにおいて，三角形OABの重心をD，線分DCを2：1に内分する点をE，直線OEが平面ABCと交わる点をFとする．

(1) $\overrightarrow{OD}$ を $\overrightarrow{OA}$，$\overrightarrow{OB}$ を用いて表せ．

(2) $\overrightarrow{OE}$ を $\overrightarrow{OA}$，$\overrightarrow{OB}$，$\overrightarrow{OC}$ を用いて表せ．

(3) $\overrightarrow{OF}$ を $\overrightarrow{OA}$，$\overrightarrow{OB}$，$\overrightarrow{OC}$ を用いて表せ．　（日本大）

313. 辺の長さが1である正四面体OABCにおいて，辺ABの中点をD，辺OCの中点をEとする．2つのベクトル $\overrightarrow{DE}$ と $\overrightarrow{AC}$ の内積を求めよ．　（東京工業大）

要点

314. 空間に5点O，A，B，C，Dがあり，OA＝OB＝OC＝ODであるとする．また，$\vec{a}=\overrightarrow{OA}$，$\vec{b}=\overrightarrow{OB}$，$\vec{c}=\overrightarrow{OC}$，$\vec{d}=\overrightarrow{OD}$ とするとき，$\vec{a}+\vec{b}=\vec{c}+\vec{d}$ が成り立つとする．このとき，次の等式が成り立つことを示せ．

(1) $\vec{a}\cdot\vec{b}=\vec{c}\cdot\vec{d}$

(2) $\vec{a}\cdot\vec{c}=\vec{b}\cdot\vec{d}$

(3) AB＝CD　（東北学院大）

315. 四面体ABCDにおいて，面BCD，ACD，ABD，ABCの重心をそれぞれP，Q，R，Sとする．

(1) PQとABは平行であることを示せ．

(2) 四面体ABCDと四面体PQRSの体積比を求めよ．　（大阪府立大・改）

316. 1辺の長さが1の正四面体OABCがある．辺OA，AB，BCを
$(0<p<1)$ に内分する点をそれぞれL，M，Nとし，$\overrightarrow{\mathrm{OA}}$=
$\overrightarrow{\mathrm{OC}}=\vec{c}$ とする．

(1) ベクトル $\overrightarrow{\mathrm{ML}}$，$\overrightarrow{\mathrm{MN}}$ をそれぞれ $\vec{a}$，$\vec{b}$，$\vec{c}$ および p を用いて表せ．また，内積 $\overrightarrow{\mathrm{ML}}\cdot\overrightarrow{\mathrm{MN}}$ を p を用いて表せ．

(2) ベクトル $\overrightarrow{\mathrm{LN}}$ を $\vec{a}$，$\vec{b}$，$\vec{c}$ および p を用いて表せ．また，$\overrightarrow{\mathrm{LN}}$ の大きさ $|\overrightarrow{\mathrm{LN}}|$ を p を用いて表せ．

(3) $|\overrightarrow{\mathrm{LN}}|$ を最小にする p の値を求めよ．また，そのときの三角形LMNの面積を求めよ．

（宮城教育大）

317. 四面体OABCにおいて，$\overrightarrow{\mathrm{OA}}$ と $\overrightarrow{\mathrm{BC}}$ は垂直であり，三角形OABの面積と三角形OACの面積が等しいとする．

(1) OB＝OC を示せ．

(2) 三角形ABCの重心をGとするとき，$\overrightarrow{\mathrm{OG}}$ と $\overrightarrow{\mathrm{BC}}$ は垂直であることを示せ．

（熊本大）

演習

318. 底面が正方形ABCDで，8辺の長さがすべて1である四角錐PABCDにおいて，$\overrightarrow{\mathrm{AB}}=\vec{k}$，$\overrightarrow{\mathrm{AD}}=\vec{l}$，$\overrightarrow{\mathrm{AP}}=\vec{m}$ とおく．

(1) $\overrightarrow{\mathrm{PC}}$ を $\vec{k}$，$\vec{l}$，$\vec{m}$ を用いて表せ．

(2) 内積 $\overrightarrow{\mathrm{PA}}\cdot\overrightarrow{\mathrm{PC}}$ を求めよ．

(3) 辺PBの中点をR，辺PDの中点をSとするとき，$\overrightarrow{\mathrm{RS}}$ を $\vec{k}$ と $\vec{l}$ を用いて表せ．

(4) 平面ARSと辺PCとの交点をTとするとき，$\overrightarrow{\mathrm{AT}}$ を $\vec{k}$，$\vec{l}$，$\vec{m}$ を用いて表せ．

（愛媛大）

319. 四面体 OABC の 6 辺の長さが

$$\mathrm{OA}=5,\ \mathrm{OB}=\sqrt{10},\ \mathrm{OC}=3,\ \mathrm{AB}=5,\ \mathrm{BC}=3,\ \mathrm{AC}=\sqrt{14}$$

であるとする．$\overrightarrow{\mathrm{OA}}=\vec{a}$，$\overrightarrow{\mathrm{OB}}=\vec{b}$，$\overrightarrow{\mathrm{OC}}=\vec{c}$ とおくとき，次の問いに答えよ．

(1)　内積 $\vec{a}\cdot\vec{b}$，$\vec{b}\cdot\vec{c}$，$\vec{c}\cdot\vec{a}$ の値を求めよ．

(2)　三角形 OAB の面積を求めよ．

(3)　三角形 OAB を含む平面上に点 H がある．この平面と線分 CH が垂直であるとき，CH の長さを求めよ．

(4)　四面体 OABC の体積を求めよ．　（関西学院大）

320. 半径 1 の球面上を動く 3 点 A，B，C に対し，$\mathrm{AB}^2+\mathrm{BC}^2+\mathrm{CA}^2$ の最大値を求めよ．　（武蔵工業大・改）

321. 四面体 OABC は次の 2 つの条件

(i)　$\mathrm{OA}\perp\mathrm{BC}$，$\mathrm{OB}\perp\mathrm{AC}$，$\mathrm{OC}\perp\mathrm{AB}$

(ii)　4 つの面の面積がすべて等しい

を満たしている．このとき，この四面体は正四面体であることを示せ．

（京都大）

コラム②

9ページのコラム①は異なる大学で出題された同じ問題の話であったが，同じ大学で同じ内容の問題が出題されることがある．

さすがに，全く同じという訳にはいかないようである．

$F(a)=\int_0^{\frac{\pi}{2}}|\sin x-a\cos x|dx$ を最小にする a の値およびそのときの $F(a)$ の値を求めよ．

（1974 東京工業大）

実数 a に対し，積分 $f(a)=\int_0^{\frac{\pi}{4}}|\sin x-a\cos x|dx$ を考える．$f(a)$ の最小値を求めよ．

（2002 東京工業大）

1974年東京工業大の問題と2002年東京工業大の問題では積分区間だけが違う．

放物線 $y=x^2$ の上に両端をおく長さ2の線分を任意に引くとき，その中点の中で x 軸に最も近いものの座標を求めよ．

（1958 名古屋大）

放物線 $y=x^2$ 上に2点A，Bをその間の距離が5となるようにとるとき，線分ABの中点の軌跡の方程式を求めよ．また軌跡の概形をかけ．

（1976 名古屋大）

1958年名古屋大の問題と1976年名古屋大の問題では問い方を少し変えたようである．

いろいろな入試問題を解いてみて，分析してみよう．

（注）コラム①の早稲田大，筑波大，コラム②の東京工業大の問題は，数学Ⅲの内容である．また，コラムで紹介した問題についての解答は省略する．

33 空間座標

基本

322. 3点 A$(1,\ -2,\ 3)$，C$(-3,\ 2,\ -1)$，D$(3,\ -2,\ 1)$ に対して，四角形 ABCD が平行四辺形となるとき，点 B の座標を求めよ． （大阪電気通信大・改）

323. 2つのベクトル $\vec{a}=(2,\ 1,\ 3)$，$\vec{b}=(1,\ -1,\ 0)$ の両方に垂直な単位ベクトルをすべて求めよ． （信州大）

324. 2点 $(3,\ 1,\ 7)$，$(-1,\ 9,\ 2)$ を直径の両端とする球面と xy 平面が交わってできる円の半径を求めよ． （東海大）

要点

325. 空間のベクトル $\overrightarrow{OA}=(1,\ 0,\ 0)$，$\overrightarrow{OB}=(a,\ b,\ 0)$，$\overrightarrow{OC}$ が，条件

$$|\overrightarrow{OB}|=|\overrightarrow{OC}|=1,\quad \overrightarrow{OA}\cdot\overrightarrow{OB}=\frac{1}{3},\quad \overrightarrow{OA}\cdot\overrightarrow{OC}=\frac{1}{2},\quad \overrightarrow{OB}\cdot\overrightarrow{OC}=\frac{5}{6}$$

を満たしているとする．ただし，a，b は正の数とする．

(1) a，b の値を求めよ．

(2) 三角形 OAB の面積 S を求めよ．

(3) 四面体 OABC の体積 V を求めよ． （名古屋大）

326. xyz 空間上の2点 A$(-3,\ -1,\ 1)$，B$(-1,\ 0,\ 0)$ を通る直線 l に点 C$(2,\ 3,\ 3)$ から下ろした垂線の足 H の座標を求めよ． （京都大）

327. 原点を O とする座標平面において，4点

$$\mathrm{P}(1,\ 0,\ 0),\ \mathrm{Q}(0,\ 1,\ 0),\ \mathrm{R}(0,\ 0,\ 1),\ \mathrm{S}(7,\ y,\ z)$$

をとる．これらの4点が同じ平面上にあるとき，

(1) z を y を用いて表せ．

(2) 線分 OS の長さの最小値を求めよ． （近畿大・改）

演習

328. 座標空間において3点P(0, 3, 3), Q(3, 0, 3), R(3,
Lとし，三角形PQRのL内の外接円をCとする．ま
を中心とし半径rの球面をSとする．SとLの交わりは円Dになり，
CとDは外接するという．

(1) 円Cの中心Gの座標と半径を求めよ．

(2) 円Dの中心Hの座標を求めよ．

(3) 半径rを求めよ．

（早稲田大）

329. 点A(1, 2, 4)を通り，ベクトル$\vec{n}=(-3,\ 1,\ 2)$に垂直な平面をαとする．平面αに関して同じ側に2点P(−2, 1, 7), Q(1, 3, 7)がある．次の問いに答えよ．

(1) 平面αに関して点Pと対称な点Rの座標を求めよ．

(2) 平面α上の点で，PS+QSを最小にする点Sの座標とそのときの最小値を求めよ．

（鳥取大）

330. 空間内に3点A(1, 0, 0), B(0, 2, 0), C(0, 0, 3)をとる．

(1) 空間内の点Pが$\overrightarrow{AP}\cdot(\overrightarrow{BP}+2\overrightarrow{CP})=0$を満たしながら動くとき，この点Pはある定点Qから一定の距離にあることを示せ．

(2) (1)における定点Qは3点A, B, Cを通る平面上にあることを示せ．

(3) (1)におけるPについて，四面体ABCPの体積の最大値を求めよ．

（九州大）

331. Oを原点とする座標空間内に，4点A(1, 0, −1), B(2, 1, 0), C(−1, 2, −1), D(−2, −1, 3)がある．線分ABを$s:(1-s)$に内分する点をPとし，線分CDを$t:(1-t)$に内分する点をQとする．次の問いに答えよ．

(1) $\overrightarrow{OR}=\overrightarrow{PQ}$で定まる点Rに対し，$\overrightarrow{OR}$を$s$, tを用いて表せ．

(2) s, tが$0\leqq s\leqq 1$, $0\leqq t\leqq 1$を動くとき，点Rが描く図形Fの面積を求めよ．

(3) 点Rが図形F上を動くとき，線分ORが動いてできる立体の体積を求めよ．

（電気通信大）

1日2題
1ヵ月で終了!!

総合演習

1. 実数 a, b に対して, $f(x)=a(x-b)^2$ とおく. ただし, a は正とする. 放物線 $y=f(x)$ が直線 $y=-4x+4$ に接している.

(1) b を a を用いて表せ.

(2) $0 \leqq x \leqq 2$ において, $f(x)$ の最大値 $M(a)$ と, 最小値 $m(a)$ を求めよ.

(3) a が正の実数を動くとき, $M(a)$ の最小値を求めよ. (神戸大)

2. 座標平面において, x 座標と y 座標がともに整数である点 $(x,\ y)$ を格子点という. 以下, 条件

(*) $\log_3 y-\log_3 x \leqq x$ (ただし, $x>0$, $y>0$)

を満たす格子点について考える.

(1) $x=1$ かつ条件 (*) を満たす格子点の個数を求めよ.

(2) $x \leqq 3$ かつ条件 (*) を満たす格子点の個数を求めよ.

(3) n を自然数とする. このとき, $x \leqq n$ かつ条件 (*) を満たす格子点の個数を n を用いて表せ. (東京理科大)

3. 9 個の値 x_1, x_2, x_3, ……, x_9 からなる変量 x について考える.
この 9 個の値の平均値は m, 標準偏差は s であり, 9 個の値のうちの 4 個の値 x_1, x_2, x_3, x_4 の平均値は m, 標準偏差は $s+1$ であるとする.
このとき, 残りの 5 個の値 x_5, x_6, x_7, x_8, x_9 の平均値と標準偏差を m, s を用いて表し, $s \geqq 2$ であることを示せ. (奈良女子大)

4. 同じ大きさの立方体を 12 個積んでできた直方体を図に示す．頂点 A から頂点 B まで立方体の辺を通って最短距離で進むものとする．次の問いに答えよ．

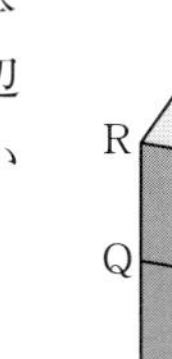

(1) 進み方は全部で何通りあるか．

(2) 直方体の内部を少なくとも一度は通る進み方は何通りあるか．

(3) 頂点 P，Q，R のいずれも通らない進み方は何通りあるか．

（名古屋市立大）

5. 点 (5，0) を通り，傾きが a の直線が円 $x^2+y^2=9$ と異なる 2 点 P，Q で交わるとき，次の問いに答えよ．

(1) a の値の範囲を求めよ．

(2) P と Q の中点を M とする．a を動かすとき，点 M の軌跡を求めよ．

（群馬大）

6. $0<\theta<\dfrac{\pi}{2}$ の範囲で，方程式

$$4\sin^3\theta+4\sin\theta\cos\theta+4\cos^3\theta=3\sin\theta+3\cos\theta+1$$

を解け．

（青山学院大）

7. 三角形 OAB の辺 AB を 1：2 に内分する点を C とする．動点 D は $\overrightarrow{OD}=x\overrightarrow{OA}$ ($x\geqq 1$) を満たすとし，直線 CD と直線 OB の交点を E とする．

(1) 実数 y を $\overrightarrow{OE}=y\overrightarrow{OB}$ で定めるとき，次の等式が成り立つことを示せ．

$$\frac{2}{x}+\frac{1}{y}=3$$

(2) 三角形 OAB の面積を S，三角形 ODE の面積を T とするとき，$\dfrac{S}{T}$ の最大値と，そのときの x の値を求めよ．

（東北大）

8. 等式

$$\left(1+\frac{1}{a}\right)\left(1+\frac{1}{b}\right)\left(1+\frac{1}{c}\right)=2$$

を満たす正の整数の組 $(a,\ b,\ c)$ で $a \geqq b \geqq c$ を満たすものをすべて求めよ.

（鳥取大）

9. a を定数とし,

$$f(x)=2x^3+3(1-a)x^2-6ax+9a-5$$

とおく. $f(x)=0$ が 3 個の相異なる実数解をもつとき, 次の問いに答えよ.

(1) a のとり得る値の範囲を求めよ.

(2) $f(x)$ の極大値と極小値の差が $\dfrac{125}{27}$ であるとき, a の値を求めよ. このとき, $f(x)=0$ の実数解で正となる解の個数も求めよ.

（関西大）

10. 座標平面上の自然数を座標とする点 $(m,\ n)$ に, 有理数 $\dfrac{n}{m}$ を対応させる. 下の図のように, 点 $(1,\ 1)$ から矢印の順番に従って, 対応する有理数を並べ, 次のような数列をつくる.

$$\frac{1}{1},\ \frac{1}{2},\ \frac{2}{2},\ \frac{2}{1},\ \frac{1}{3},\ \frac{2}{3},\ \frac{3}{3},\ \frac{3}{2},\ \frac{3}{1},\ \frac{1}{4},\ \frac{2}{4},\ \frac{3}{4},\ \frac{4}{4},\ \frac{4}{3},\ \frac{4}{2},\ \frac{4}{1},\ \cdots$$

このとき, 次の問いに答えよ.

(1) 有理数 $\dfrac{11}{8}$ が初めて現れるのは第何項かを求めよ.

(2) 第 160 項を求めよ.

(3) 第 1000 項までに, 値が 2 となる項はいくつあるか.

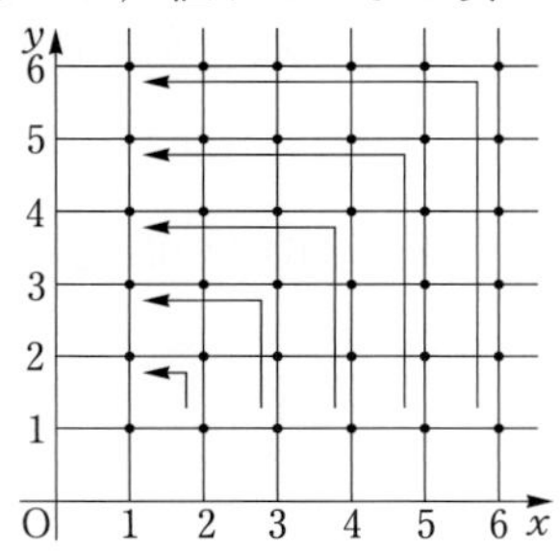

（山口大）

11. すべての実数 x に対して不等式

$$2^{2x+2}+2^x a+1-a>0$$

が成り立つような実数 a の範囲を求めよ. （東北大）

12. $AB=4$, $BC=5$, $CA=3$ を満たす直角三角形 ABC の内部または周上に点 P をとる. P と CA, P と AB, P と BC の距離をそれぞれ x, y, z とおくとき, 次の問いに答えよ.

(1) x, y, z の関係を式で表せ.

(2) $x+y+z$ を x と y を用いて表せ.

(3) $x+y+z$ の最大値と最小値を求めよ. またそのときの x, y の値をそれぞれ求めよ. （中央大）

13. 複数の参加者がグー, チョキ, パーを出して勝敗を決めるジャンケンについて, 次の問いに答えよ. ただし, 各参加者は, グー, チョキ, パーをそれぞれ $\frac{1}{3}$ の確率で出すものとする.

(1) 4 人で一度だけジャンケンをするとき, 1 人だけが勝つ確率, 2 人が勝つ確率, 3 人が勝つ確率, 引き分けになる確率をそれぞれ求めよ.

(2) n 人で一度だけジャンケンをするとき, r 人が勝つ確率を n と r を用いて表せ. ただし, $n \geqq 2$, $1 \leqq r < n$ とする.

(3) $\sum_{r=1}^{n-1} {}_n C_r = 2^n - 2$ が成り立つことを示し, n 人で一度だけジャンケンをするとき, 引き分けになる確率を n を用いて表せ. ただし, $n \geqq 2$ とする.

（大阪府立大）

14. $a>0$ とする．関数 $f(x)=2x^2-4|x|+a$ と $g(x)=|x|-a$ について，次の問いに答えよ．

(1) $a=1$ のときの 2 つの関数のグラフをかけ．

(2) 2 つの関数のグラフが 2 つの共有点をもつときの a の値を求めよ．

(3) 2 つの関数のグラフが共有点をもつとき，それらの x 座標の絶対値がすべて 1 以上かつ 3 以下になるような a の値の範囲を求めよ． （群馬大）

15. 3 辺の長さが $a=6$，$b=5$，$c=4$ である三角形 ABC について，次の問いに答えよ．

(1) $45°<B<60°$ であることを示せ．

(2) $A=2C$ であることを示せ．

(3) $40°<C<45°$ であることを示せ． （広島大）

16. 数列 $\{a_n\}$ の初項から第 n 項までの和 S_n は，

$$S_n=(n+3)\left(\frac{1}{3}a_n-2\right)$$

を満たすとする．

(1) a_1 を求めよ．

(2) a_{n+1} を a_n を用いて表せ．

(3) 一般項 a_n を求めよ． （大分大）

17. 関数 $y=4\cos x\sin 2x-3\sqrt{3}\cos 2x-8\sin x+\sqrt{3}$ について，次の問いに答えよ．

(1) $t=\sin x$ とおき，y を t の関数として表せ．

(2) $0\leqq x<2\pi$ のとき，y の最大値とそのときの x の値，および y の最小値とそのときの x の値を求めよ． （静岡大）

18. 空間に4点 O$(0,\ 0,\ 0)$，A$(0,\ 0,\ 1)$，B$(2,\ 0,\ 0)$，C$(0,\ 2,\ 0)$がある．点Oから三角形ABCに垂線を下ろしたときの交点をHとする．このとき，次の問いに答えよ．

(1) a，bを実数とする．$\vec{v}=(a,\ b,\ 1)$としたとき，$\vec{v}$がベクトル$\overrightarrow{\mathrm{AB}}$，$\overrightarrow{\mathrm{AC}}$の両方に直交するような$a$，$b$の値を求めよ．

(2) ベクトル$\overrightarrow{\mathrm{OH}}$の成分表示を求めよ．

(3) 四面体OABCの体積Vおよび三角形ABCの面積Sを求めよ．

(4) 四面体OABCに内接する球の半径rを求めよ．（島根大）

19. pを素数，nを正の整数とするとき，$(p^n)!$はpで何回割り切れるか．

（京都大）

20. aを実数とし，座標平面上に2点A$(a,\ 0)$，B$(3,\ 1)$があるとき，次の問いに答えよ．

(1) 2点A，Bから等距離にある点の軌跡を表す方程式をaを用いて表せ．

(2) 線分ABの垂直二等分線をlとする．aが実数全体を動くとき，直線lが通る点$(x,\ y)$の全体を図示せよ．

(3) aが$a \geqq 0$の範囲を動くとき，線分ABの垂直二等分線lが通る点$(x,\ y)$の全体を図示せよ．（同志社大）

21. 実数x，yが条件$x^2+xy+y^2=6$を満たしながら動くとき，

$$x^2y+xy^2-x^2-2xy-y^2+x+y$$

がとり得る値の範囲を求めよ．（京都大）

22. n は自然数とする．2つの変量 x，y の n 個のデータ $(x_i,\ y_i)$ $(i=1,\ 2,\ 3,\ \cdots\cdots,\ n)$ が与えられている．変量 x，y の平均値をそれぞれ $\overline{x}$，$\overline{y}$ と記し，分散をそれぞれ $s_x{}^2$，$s_y{}^2$ と記す．変量 x と y の共分散を s_{xy} と記す．

さらに，$z_i=x_i+y_i$，$w_i=x_i-y_i$ $(i=1,\ 2,\ 3,\ \cdots\cdots,\ n)$ とおく．

また，$\overline{x}=\dfrac{11}{2}$，$\overline{y}=11$，$s_x{}^2=\dfrac{33}{4}$，$s_y{}^2=33$，$s_{xy}=\dfrac{33}{2}$ である．

(1) 変量 z，w の平均値 $\overline{z}$，$\overline{w}$ をそれぞれ求めよ．

(2) 変量 z，w の分散 $s_z{}^2$，$s_w{}^2$ をそれぞれ求めよ．

(3) 変量 z と w の共分散 s_{zw} および相関係数 r_{zw} をそれぞれ求めよ．

（同志社大）

23. 正の整数からなる数列 $\{a_n\}$ が $n=1,\ 2,\ 3,\ \cdots$ に対して，

$$n\left(\frac{1}{a_n}+\frac{1}{a_{n+1}}\right)<2,\quad 2+\frac{1}{a_{n+1}}<(n+1)\left(\frac{1}{a_n}+\frac{1}{a_{n+1}}\right)$$

を満たし，かつ $a_2=2$ とする．このとき，次の問いに答えよ．

(1) a_1 を求めよ．

(2) a_3 を求めよ．

(3) 一般項 a_n を推定し，それが正しいことを証明せよ．（山形大・改）

24. (1) 不等式 $|x^2-4x|<x-2$ を満たす実数 x の値の範囲を求めよ．

(2) 等式 $|x^2-4x|=x+a$ を満たす実数 x がちょうど2つ存在する実数 a の値の範囲を求めよ．

(3) 等式 $|x^2-4x|=bx$ を満たす0でない実数 x が存在する実数 b の値の範囲を求めよ．

（慶應義塾大）

25. x，yが2つの不等式$x^2+y^2\leqq 1$，$x\geqq a$を満たすとする．ただし，$-1<a<1$とする．このとき，次の問いに答えよ．

(1)　yの最大値を求めよ．

(2)　$y-x$の最大値を求めよ．　　（滋賀大）

26. 実数a，bを係数とする関数$f(x)=x^4+ax^3+bx^2$について次の問に答えよ．

(1)　$y=f(x)$のグラフをCとする．点$(1,\ f(1))$における接線lの式をa，bを用いて表せ．

(2)　(1)の接線lは点$(-2,\ f(-2))$においてもCに接している．このとき，a，bの値を求めよ．

(3)　(2)のとき，Cとlで囲まれた部分の面積を求めよ．　　（京都産業大）

27. 実数sに対し，3次関数$f(x)$と曲線Cを$f(x)=x^3-sx$，C：$y=f(x)$で定める．pを正の実数とし，C上の点P$(p,\ f(p))$におけるCの接線をlとする．接線lとCの共有点でPと異なる点をQとする．

(1)　点Qの座標を求めよ．

(2)　曲線C上の点$\mathrm{R}_1(2,\ f(2))$をとり，$n=1$，2，3，…に対して，点R_nから点R_{n+1}を次の規則で定める．

「点R_nを通る直線でR_n以外の点でCに接するものを考え，その接点をR_{n+1}とする．」

点R_nの座標を$(x_n,\ y_n)$とするとき，x_n，y_nを求めよ．　　（東京理科大・改）

28. 次の数列$\{a_n\}$ ($n=1,\ 2,\ 3,\ \cdots\cdots$)を考える.

0, 1, 2, 3, 4, 5, 6, 7, 8, 10, 11, 12, 13, 14, 15, 16, 17, 18, 20, 21, ……

これは, 0から8までの9種類の数字を用いて表される0以上の整数を, 0から始めて小さい方から順に並べたものである.

(1) a_{46}, a_{82}の値を求めよ.

(2) $a_n=2020$となるnの値を求めよ.

(3) $b_m=\sum_{k=81m-80}^{81m} a_k$で定義される数列$\{b_m\}$ ($m=1,\ 2,\ 3,\ \cdots\cdots$)について, b_1を求めよ.

(4) $\sum_{m=1}^{9} b_m$を求めよ.

(南山大)

29. kを実数の定数とする. 関数

$$f(\theta)=\sqrt{3}\sin 2\theta+\cos 2\theta-2k\sin\theta-2\sqrt{3}k\cos\theta+6 \quad \left(0\leqq\theta\leqq\frac{2\pi}{3}\right)$$

について, 次の各問いに答えよ.

(1) $t=\sin\theta+\sqrt{3}\cos\theta$とするとき, tのとり得る値の範囲を求めよ.

(2) (1)のtを用いて, $\sqrt{3}\sin 2\theta+\cos 2\theta$を$t$の式で表せ.

(3) $f(\theta)$の最大値と最小値の差が最小となるように, kの値を定めよ.

(芝浦工業大)

30. xy平面上に, 放物線C_1: $y=x^2$と, 点$(0,\ t)$ $(t>1)$を中心とする半径1の円C_2があり, C_1とC_2がちょうど2点を共有している.

(1) tの値を求めよ.

(2) C_1とC_2で囲まれた部分(ただし, C_2の内部の点は含まない)の面積を求めよ.

(東京理科大)

31. 平面上に1辺の長さが1の正五角形があり，その頂点を順にA，B，C，D，Eとする．次の問いに答えよ．

(1) 辺BCと線分ADは平行であることを示せ．

(2) 線分ACと線分BDの交点をFとする．線分AFと線分CFの長さの比を求めよ．

(3) $\overrightarrow{AB}=\vec{a}$，$\overrightarrow{BC}=\vec{b}$ とするとき，$\overrightarrow{CD}$ を $\vec{a}$ と $\vec{b}$ で表せ．　（鳥取大・改）

32. $\log_{10}2=0.3010$，$\log_{10}3=0.4771$ とする．$\log_{10}7$ の小数点以下第2位の値を求めよ．　（立命館・改）

33. $f(x)=x^3-3|x|$ とする．

(1) 関数 $y=f(x)$ のグラフをかけ．

(2) $f(x)+a=0$ を満たす実数 x が1つであるような定数 a の値の範囲を求めよ．

(3) 曲線 $y=f(x)+b$ 上の点 $(-2,\ f(-2)+b)$ における接線が原点を通るような定数 b の値を求めよ．また，その接線の方程式を求めよ．

（慶應義塾大）

34. 整数 a，b は等式

$$3^a-2^b=1 \quad \cdots\cdots ①$$

を満たしているとする．

(1) a，b はともに正となることを示せ．

(2) $b>1$ ならば，a は偶数であることを示せ．

(3) ①を満たす整数の組 $(a,\ b)$ をすべてあげよ．　（東北大）

35. 次の問いに答えよ.

(1) x が自然数のとき, x^2 を5で割ったときの余りは0, 1, 4のいずれかであることを示せ.

(2) 自然数 x, y, z が $x^2+5y=2z^2$ を満たすとき, x, y, z はすべて5の倍数であることを示せ.

(3) $x^2+5y^2=2z^2$ を満たす自然数 x, y, z の組は存在しないことを示せ.

(熊本大)

36. n を正の整数とし, a_n, b_n を等式

$$(3+\sqrt{7})^n=a_n+b_n\sqrt{7}$$

を満たす整数と定める.

(1) a_{n+1}, b_{n+1} を a_n, b_n を用いて表せ.

(2) $(3-\sqrt{7})^n=a_n-b_n\sqrt{7}$ が成り立つことを示せ.

(3) n が3の倍数のとき, $a_n{}^2$ を7で割った余りを求めよ.

(4) $(3+\sqrt{7})^n=\sqrt{c_n+2^n}+\sqrt{c_n}$ を満たす正の整数 c_n が存在することを示せ.

(大阪府立大)

37. 直角三角形ABCは, ∠Cが直角で, 各辺の長さは整数であるとする. 辺BCの長さが3以上の素数 p であるとき, 以下の問いに答えよ.

(1) 辺AB, CAの長さを p を用いて表せ.

(2) tan ∠A と tan ∠B は, いずれも整数にならないことを示せ.　(千葉大)

38. 座標平面上の原点Oを中心とする半径2の円をCとする．Oを始点とする半直線上の2点P，Qについて$\mathrm{OP}\cdot\mathrm{OQ}=4$が成立するとき，PとQは$C$に関して対称であるという（下の図ではPは$C$の内側に取ってある）．次の問いに答えよ．

(1) 点P$(x,\ y)$のCに関して対称な点Qの座標を$x,\ y$を用いて表せ．

(2) 点P$(x,\ y)$が原点を除いた曲線

$(x-2)^2+(y-3)^2=13,\ (x,\ y)\neq(0,\ 0)$

上を動くとき，Qの軌跡を求めよ．

（横浜市立大）

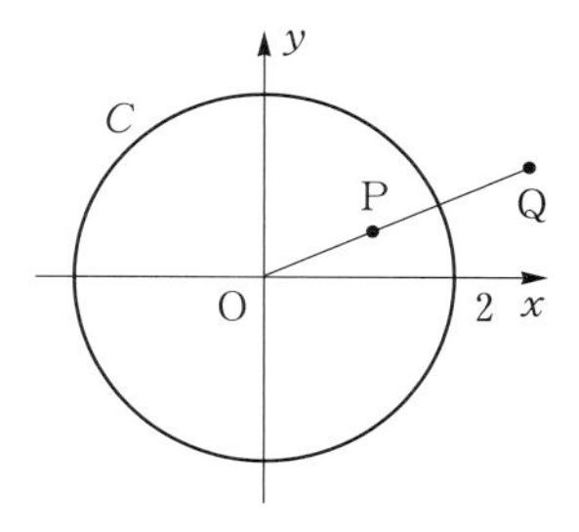

39. ボタンを押すと「あたり」か「はずれ」のいずれかが表示される装置がある．「あたり」の表示される確率は毎回同じであるとする．この装置のボタンを20回押したとき，1回以上「あたり」の出る確率は36％である．1回以上「あたり」の出る確率が90％以上となるためには，この装置のボタンを最低何回押せばよいか．必要なら$0.3010<\log_{10}2<0.3011$を用いてよい．

（京都大）

40. 縦4個，横4個のマス目のそれぞれに1，2，3，4の数字を入れていく．このマス目の横の並びを行といい，縦の並びを列という．どの行にも，どの列にも同じ数字が1回しか現れない入れ方は何通りあるか求めよ．下図はこのような入れ方の1例である．

1	2	3	4
3	4	1	2
4	1	2	3
2	3	4	1

（京都大）

41. 座標平面上の4点O(0, 0), A(1, 0), B(1, 1), C(0, 1)を頂点とする正方形を考える.

点Pは1秒ごとに, この正方形のある頂点から隣の頂点に移動する. ただし, x軸と平行な方向に移動する確率はp $(0<p<1)$, y軸と平行な方向に移動する確率は$1-p$である.

点Pが最初に頂点Aにいるとき, n秒後$(n \geqq 1)$に頂点A, Cにいる確率をそれぞれa_n, c_nとする.

(1) a_2, c_2を求めよ.

(2) a_{n+2}, c_{n+2}をp, a_n, c_nを用いて表せ.

(3) nが2以上の偶数のとき, a_n, c_nを求めよ.

(関西学院大)

42. 三角形OABについて, $\overrightarrow{\mathrm{OA}}=\vec{a}$, $\overrightarrow{\mathrm{OB}}=\vec{b}$とおくとき,

$$|\vec{a}|=1,\ |\vec{a}+\vec{b}|=|2\vec{a}+\vec{b}|=\sqrt{7}$$

が成り立つ. 次の問いに答えよ.

(1) $|\overrightarrow{\mathrm{AB}}|$を求めよ.

(2) 点Pが三角形OABの外接円上を動くとき, 三角形PABの面積の最大値を求めよ.

(3) 点QがOを中心とし, 半径$|\overrightarrow{\mathrm{OA}}|$の円上を動くとき, 三角形QABの面積の最大値を求めよ.

(名古屋市立大)

43. kを実数とする. $f(x)=(x-k)^2+k^2-k-1$について以下の問いに答えよ.

(1) kの値によらず$f(3)>0$となることを示せ.

(2) 2次方程式$f(x)=0$が実数解をもつようなkの値の範囲を求めよ.

(3) $f(n)<0$を満たす正の整数nがただ一つ存在するようなkの値の範囲を求めよ.

(奈良女子大)

44. 次の問いに答えよ．

(1) 長方形Rの縦の長さをx，横の長さをyとする．$x+y=2$であるとき，長方形Rの面積を最大にするx，yの値を求めよ．

(2) 直方体Cの縦の長さをx，横の長さをy，高さをzとする．3辺の和について$x+y+z=12$であり，かつ表面積について$2(xy+yz+zx)=72$であるような直方体Cが存在するためのxの値の範囲を求めよ．

(3) 直方体Cの縦の長さをx，横の長さをy，高さをzとする．3辺の和について$x+y+z=12$であり，かつ表面積について$2(xy+yz+zx)=72$であるとき，直方体Cの体積を最大にするx，y，zの値をそれぞれ求めよ．

（同志社大）

45. $f(x)=x^3-4x^2+5x$とし，xy平面上で曲線C：$y=f(x)$と直線l：$y=ax$について考える．

(1) Cとlが$x>0$の範囲に異なる2つの共有点をもつaの値の範囲を求めよ．

(2) aが(1)で求めた範囲のとき，Cとlで囲まれた2つの部分の面積が等しくなるようなaの値を求めよ．

（同志社大・改）

46. 四面体 OABC において，OA＝BC＝2，OB＝3，OC＝AB＝4，AC＝ $2\sqrt{6}$ である．また，$\vec{a}=\overrightarrow{\mathrm{OA}}$，$\vec{b}=\overrightarrow{\mathrm{OB}}$，$\vec{c}=\overrightarrow{\mathrm{OC}}$ とする．次の問いに答えよ．

(1) 内積 $\vec{a}\cdot\vec{b}$，$\vec{a}\cdot\vec{c}$，$\vec{b}\cdot\vec{c}$ を求めよ．

(2) 三角形 OAB を含む平面を H とする．H 上の点 P で直線 PC と H が直交するものをとる．このとき，$\overrightarrow{\mathrm{OP}}=x\vec{a}+y\vec{b}$ となる x，y を求めよ．

(3) 平面 H を直線 OA，AB，BO で右図のように7つの領域ア，イ，ウ，エ，オ，カ，キにわける．点 P はどの領域に入るか答えよ．

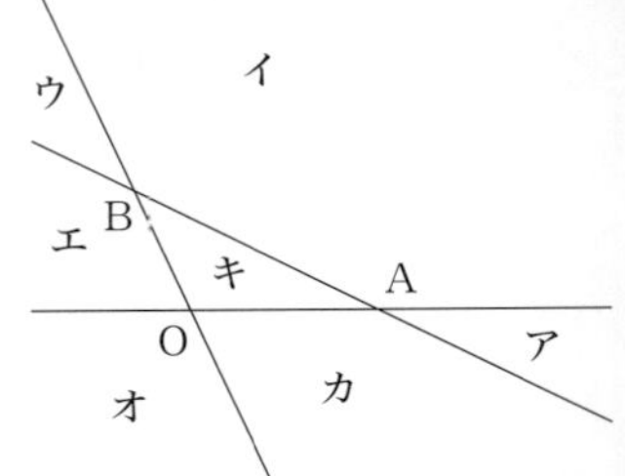

(4) 辺 AB で三角形 ABC と三角形 OAB のなす角は鋭角になるか，直角になるか，それとも鈍角になるかを判定せよ．ただし，1 辺を共有する 2 つの三角形のなす角とは，共有する辺に直交する平面での 2 つの三角形の切り口のなす角のことである．

（早稲田大）

47. A，B の 2 種類のカードがある．A を 2 枚，B を 3 枚それぞれ積み重ね，3 人の人が順番に 1 枚のカードを次のように持ち帰ることにする．A，B 両方のカードが残っているときは A か B かを確率 $\dfrac{1}{2}$ で選んで 1 枚持ち帰る．また，どちらか一方のカードしか残っていないときはそれを 1 枚持ち帰る．このようにすると最後に 2 枚のカードが残る．これについて次の問いに答えよ．

(1) A のカードが 2 枚残る確率を求めよ．

(2) B のカードが 2 枚残る確率を求めよ．

(3) B のカードが 2 枚残ったとき，1 番目の人が B のカードを持ち帰った条件付き確率を求めよ．

（長岡技術科学大）

48. 放物線 $y=x^2+ax+b$ により，xy 平面を２つの領域に分割する．

(1)　点 $(-1,\ 4)$ と点 $(2,\ 8)$ が放物線上にはなく別々の領域に属するような a，b の条件を求めよ．さらに，その条件を満たす $(a,\ b)$ の領域を ab 平面に図示せよ．

(2)　a，b が(1)で求めた条件を満たすとき，a^2+b^2 がとり得る値の範囲を求めよ．

（愛知教育大）

49. c は正の整数とする．数列 a_1，a_2，a_3，……は $a_1=1$，$a_2=c$ であり，さらに漸化式

$$a_{n+2}=a_{n+1}+a_n \quad (n=1,\ 2,\ 3,\ \cdots)$$

を満たすとする．

(1)　$n=1,\ 2,\ 3,\ \cdots$ に対して，a_n は正の整数であり，かつ，a_n と a_{n+1} の最大公約数は１であることを示せ．

(2)　$(-1)^n({a_{n+1}}^2-a_{n+2}a_n)$ は n によらず一定の値であることを示せ．

(3)　$c\geqq 2$ とし，$b_n=\dfrac{a_{n+1}}{a_n}$ とおくと

$$\begin{cases} b_{n+1}>b_n & (n\text{ が偶数のとき}) \\ b_{n+1}<b_n & (n\text{ が奇数のとき}) \end{cases}$$

が成り立つことを示せ．

（埼玉大）

50. 空間座標において，4 点 O$(0,\ 0,\ 0)$，A$(0,\ 1,\ 2)$，B$(2,\ -1,\ 3)$，P$(t,\ u,\ t)$ $(t>0)$ があり，$\angle\text{AOP}=90^\circ$，$\text{OP}=2\sqrt{6}$ である．

(1)　t，u の値を求めよ．

(2)　4 点 O, A, B, P を通る球面を S とする．S の中心の座標と半径を求めよ．

(3)　(2)で定めた球面 S と平面 $z=k$ が交わってできる円の半径が $\sqrt{7}$ のとき，k の値を求めよ．

（立命館大）

略 解

▶には考え方や略証を示した．

1. (1) 商 x^2+x+2，余り 3
(2) $a=5$
(3) $a=-4$

2. 70

3. -1

4. (1) $a=1$，$b=3$，$c=-4$
(2) $p=1$，$q=-1$，$r=1$

5. $-6x-13$

6. $a=-2$のとき，最小値 -45

7. 3 (nが3の倍数のとき)，
0 (nが3の倍数でないとき)

8. $-68-4\sqrt{3}\,i$
▶ $x=1-\sqrt{3}\,i$より，$\sqrt{3}\,i=1-x$
両辺を2乗して整理すると，
$x^2-2x+4=0$ ……①
$5x^4+3x^3+22x^2+40$ を x^2-2x+4 で割り，その商と余りを用いて表し，さらに①を用いる．

9. $2x^2-10x+13$
▶条件より，
$P(x)=(x-3)^2Q(x)+2x-5$
と表せる．また，$Q(x)$を$x-1$で割った商を$q(x)$，余りをa(定数)とおいて，
$Q(x)=(x-1)q(x)+a$と表せる．

10. ▶ $x^4+ax^3+a^2x^2+a^3x+1$がxの2次式の平方となるとき，p，qを定数として，
$x^4+ax^3+a^2x^2+a^3x+1=(x^2+px+q)^2$ …… (*)
と表せる．(*)の右辺を展開して，左辺と係数を比較し，等式(*)を満たすようなa, p, qは存在しないことを示せばよい．

11. (1) 2
(2) $f(x)=x^2+2x+3$
▶(1) $f(x)$が(i)定数のときと，(ii)定数でないときに場合分けする．
(i)のとき，$f(x)=C$とおいて与式に代入して整理すると，
$Cx^3-(3C+4)x-29+8C=0$
これが恒等式になるようなCは存在しない．
(ii)のとき，$f(x)$の次数をnとおくと，与式の左辺は$(2n+1)$次式，右辺は$(n+3)$次式となり，両辺の次数が等しいことから，$2n+1=n+3$
(2) 与式で$x=0$，±1を代入して$f(0)$，$f(1)$，$f(-1)$の値を求める．(1)より，$f(x)=ax^2+bx+c$とおける．

12. qはpであるための②
pはrであるための③

13. ▶ (左辺)－(右辺)$=(a-2)(b+1)$
であるから，$a>2$，$b>-1$のとき，この値は正となる．

14. ▶ (左辺)－(右辺)
$=(a-2b)^2-(2b)^2+5b^2-2b+1$
$=(a-2b)^2+(b-1)^2\geqq0$

15. (1) ② (2) ③ (3) ③
(4) ④ (5) ① (6) ②

16. ▶ 3つの2次方程式$ax^2+2bx+c=0$，$bx^2+2cx+a=0$，$cx^2+2ax+b=0$のすべてが実数解をもたないと仮定して矛盾を導く．このとき，判別式の値がすべて負となるから，
$b^2-ca<0$，$c^2-ab<0$，$a^2-bc<0$
これらの辺々の和をとると，
$a^2+b^2+c^2-ab-bc-ca<0$ ……①
ところが，①の左辺を変形すると，
$\left(a-\dfrac{b+c}{2}\right)^2+\dfrac{3}{4}(b-c)^2$となり，この値は0以上だから，これは矛盾である．

17. $a>-2$

18. ▶(1) $|a|<1$，$|b|<1$のとき，
$-1<a<1$，$-1<b<1$より，
(左辺)－(右辺)$=(a-1)(b-1)>0$
(2) $d=bc$とおくと，$|d|=|bc|<1$
よって，(1)より，$ad+1>a+d$
(3) (1)より，$bc+1>b+c$
これと(2)の不等式の辺々の和をとる．

19. ▶(1) 真

$\sqrt{2}+\sqrt{3}$ が有理数であると仮定して矛盾を導く.

(2) 偽

反例は, $x^2+x=1$ (有理数)のとき,

$x=\dfrac{-1\pm\sqrt{5}}{2}$ (無理数)

(3) 偽

反例は, $(x,\ y)=(\sqrt{2},\ -\sqrt{2})$

20. ▶ $b=-(a+c)$ より, b を消去する.

$$\frac{a^2+b^2+c^2}{(c-a)^2}-\frac{1}{2}=\frac{3(a+c)^2}{2(c-a)^2}\geqq 0$$

また,

$$\frac{2}{3}-\frac{a^2+b^2+c^2}{(c-a)^2}=\frac{-2(2a+c)(a+2c)}{3(c-a)^2}$$

$a<b<c$ より, $a<-(a+c)<c$

すなわち, $2a+c<0$, $a+2c>0$

であるから, $\dfrac{-2(2a+c)(a+2c)}{3(c-a)^2}>0$

21. ▶ A と B がともに n より小さいと仮定して矛盾を導く. このとき,

$A+B<2n$ ……(*)が成り立つ. ここで,

$A+B=\displaystyle\sum_{k=1}^{n}\left(a_k+\frac{1}{a_k}\right)$ ……①と表せるが,

(相加平均) ≧ (相乗平均) より,

$a_k+\dfrac{1}{a_k}\geqq 2$ これを①に用いると,

$A+B\geqq 2n$ となり, これは(*)に矛盾する.

22. ▶(1) (右辺) − (左辺) ≧ 0 を示す.

(2) $\left(\dfrac{a+b+c+d}{4}\right)^2=\left(\dfrac{\frac{a+b}{2}+\frac{c+d}{2}}{2}\right)^2$

であるから, (1)より,

$$\left(\frac{\frac{a+b}{2}+\frac{c+d}{2}}{2}\right)^2\leqq\frac{\left(\frac{a+b}{2}\right)^2+\left(\frac{c+d}{2}\right)^2}{2}$$

……①

①の右辺に再び(1)を用いると,

$$\left(\frac{\frac{a+b}{2}+\frac{c+d}{2}}{2}\right)^2\leqq\frac{\frac{a^2+b^2}{2}+\frac{c^2+d^2}{2}}{2}$$

すなわち,

$$\left(\frac{a+b+c+d}{4}\right)^2\leqq\frac{a^2+b^2+c^2+d^2}{4}$$

(3) (2)で, $a=x$, $b=y$, $c=z$,

$d=\dfrac{x+y+z}{3}$ とおく.

23. 正の約数は全部で12個,

正の約数の和は280

24. ▶ $n^3-n=(n-1)n(n+1)$ であり, これは連続する3整数の積であるから, 2の倍数かつ3の倍数, すなわち, 6の倍数である.

25. $(x,\ y)=(3,\ 2)$, $(3,\ -2)$, $(-3,\ -2)$, $(-3,\ 2)$

26. ▶ $\sqrt{3}$ が有理数であると仮定して矛盾を導く.

27. $n=\pm 1$

28. ▶ a と $a+1$ の最大公約数 g が, $g=1$ となることを示す.

29. (1) $n=24$

(2) 249個

▶(1) 求める最大の自然数 n は, 100! を素因数分解したときの素因数5の個数だから, 1, 2, 3, …, 100 に含まれる素因数5の総数を求める.

(2) 1000! が 10 (=2・5) で何回割り切れるか求めればよい. 1000! を素因数分解したとき, (5の個数) < (2の個数) であるから, 10で割り切れる回数は 1000! を素因数分解したときの素因数5の個数となる. これを, (1)と同様に求める.

30. (2) $\log_2 n$ が整数でない有理数となることはない.

▶(1) $\log_2 3$ が有理数であると仮定して矛盾を導く. このとき,

$\log_2 3=\dfrac{q}{p}$ (p, q は互いに素な自然数)

とおけて, これより, $3^p=2^q$ を得るが, この式の左辺は奇数, 右辺は偶数となり, これは矛盾である.

(2) 正の整数 n は, $n=2^a m$ (a は0以上の整数, m は正の奇数) の形に表せて, このとき,

$\log_2 n=a+\log_2 m$ ……①

①で, $\log_2 m$ が整数でない有理数となることはないことを示す.

(i) $m=1$ のとき, $\log_2 m=0$

(ii) $m\geqq 3$ のとき, $\log_2 m$ が有理数であると仮定して矛盾を導く.

31. ▶ $f(-1)=k$, $f(0)=l$, $f(1)=m$ (k, l, m は整数) とおくと,
$-1+a-b+c=k$, $c=l$, $1+a+b+c=m$
a, b, c を k, l, m で表して $f(n)$ の式に代入して, すべての整数 n に対してその値が整数になることを示す. このとき,

$$f(n)=n^3+\frac{n(n+1)}{2}\cdot m+\frac{n(n-1)}{2}\cdot k-ln^2-n+l$$

と表せて, $\frac{n(n+1)}{2}$, $\frac{n(n-1)}{2}$ がともに整数になることから示される.

32. (2) $n=1$, 4
▶(1) n^2 と $2n+1$ の最大公約数 g が, $g=1$ となることを示す.
(2) $2n+1$ (奇数) と 4 は互いに素であるから, $4(n^2+2)$ が $2n+1$ の倍数となる条件を考えればよい.
$4(n^2+2)=(2n+1)(2n-1)+9$
より, 9 が $2n+1$ の倍数となるような整数 n を求める.

33. $(x, y)=(1, 5)$, $(2, 3)$, $(3, 1)$

34. 1

35. $m+n$ を 5 で割った余りは 1,
mn を 5 で割った余りは 3

36. $(x, y)=(3, 6)$, $(4, 4)$

37. (1) $(x, y)=(5k, -13k)$ (k は整数)
(2) $(x, y)=(2, -5)$
(3) $(x, y)=(2+5k, -5-13k)$ (k は整数)

38. $(x, y, z)=(2, 3, 6)$, $(2, 4, 4)$, $(3, 3, 3)$

39. $(x, y)=(-5, 2)$, $(1, 2)$, $(5, -2)$, $(-1, -2)$

40. ▶ $f(n)=n^5+4n$ とおくと,
(i) 余りが 0 のとき, $n=5m$ ($m=1, 2, 3, \cdots\cdots$) と表せて,
$f(n)=5(5^4m^5+4m)$
(ii) 余りが 1 のとき, $n=5m+1$ ($m=1, 2, 3, \cdots\cdots$) と表せて,

$$f(n)=(5m+1)^5+4\cdot(5m+1)=\sum_{k=1}^{5}{}_5C_k(5m)^k+5(4m+1)$$

(iii) 余りが 2 のとき, $n=5m+2$ ($m=0, 1, 2, \cdots\cdots$) と表せて,

$$f(n)=\sum_{k=1}^{5}{}_5C_k(5m)^k2^{5-k}+5(4m+8)$$

(iv) 余りが 3 のとき, $n=5m-2$ ($m=1, 2, 3, \cdots\cdots$) と表せて,

$$f(n)=\sum_{k=1}^{5}{}_5C_k(5m)^k(-2)^{5-k}+5(4m-8)$$

(v) 余りが 4 のとき, $n=5m-1$ ($m=1, 2, 3, \cdots\cdots$) と表せて,

$$f(n)=\sum_{k=1}^{5}{}_5C_k(5m)^k(-1)^{5-k}+5(4m-1)$$

41. ▶(1) n を 3 で割った余りにより分類して示す.
(2) $a^2+b^2=c^2$ ……(*)を満たす自然数 a, b, c で, a, b, c のいずれも 3 の倍数でないものが存在すると仮定して矛盾を導く. このとき, (1)より,
$a^2=3\alpha+1$, $b^2=3\beta+1$, $c^2=3\gamma+1$ (α, β, γ は整数)
と表せる. (*) に代入すると,
$3(\alpha+\beta)+2=3\gamma+1$
となるが, 左辺は 3 で割ると 2 余り, 右辺は 3 で割ると 1 余るので, 矛盾する.

42. $(p, q)=(5, 3)$
▶ $1<q<p$ より,

$$\frac{1}{p}<\frac{2q-1}{p}<\frac{2p-1}{p}\left(=2-\frac{1}{p}\right)$$

$0<\frac{1}{p}<1$ より, $0<\frac{2q-1}{p}<2$
$\frac{2q-1}{p}$ は整数より, $\frac{2q-1}{p}=1$
つまり, $p=2q-1$
このとき, $\frac{2p-1}{q}=4-\frac{3}{q}$ となり, これが整数となるので, $q>1$ より $q=3$ に限る.

43. 878
▶ (m, n, k は整数とする.)
求める整数を N とすると, 条件より, $N=11m+9$ と表せて, m を 5 で割ることにより, $m=5n+r$ ($r=0, 1, 2, 3, 4$) と表せるから,
$N=11(5n+r)+9$
$=5(11n+2r+1)+4+r$
N を 5 で割ると余りが 3 より, $r=4$
このとき, $N=55n+53$ となる.
更に n を 3 で割ることにより,
$n=3k+s$ ($s=0, 1, 2$) と表せるから,
$N=55(3k+s)+53$
$=3(55k+18s+17)+s+2$

Nを3で割ると余りが2より，$s=0$
このとき，$N=165k+53$となる．

44. (2) $p=2$のとき0，$p\neq2$のとき2

▶(1) 等式$r{}_p\mathrm{C}_r=p{}_{p-1}\mathrm{C}_{r-1}$において，
$1\leqq r\leqq p-1$のとき，${}_p\mathrm{C}_r$，${}_{p-1}\mathrm{C}_{r-1}$は整数であるから，$r{}_p\mathrm{C}_r$はpの倍数であるが，pが素数より，pとrは互いに素であるから，${}_p\mathrm{C}_r$はpの倍数となる．

(2) $2^p=(1+1)^p$
$=\underline{({}_p\mathrm{C}_1+{}_p\mathrm{C}_2+\cdots\cdots+{}_p\mathrm{C}_{p-1})}+2$
であり，(1)から，下線部分はpの倍数となる．

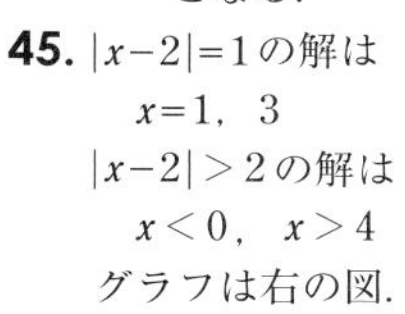

45. $|x-2|=1$の解は
$x=1$，3
$|x-2|>2$の解は
$x<0$，$x>4$
グラフは右の図．

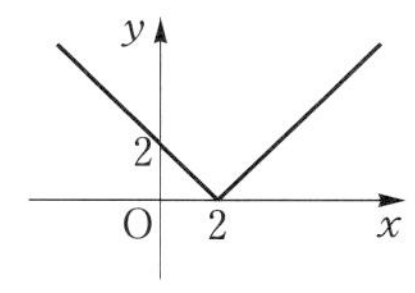

46. (1) $x=-2$のとき，最大値-3
$x=-\dfrac{3}{2}$のとき，最小値$-\dfrac{13}{4}$

(2) 最大値なし，$x=0$のとき，最小値-1

(3) $x=-4$のとき，最大値3
$x=-\dfrac{3}{2}$のとき，最小値$-\dfrac{13}{4}$

47. $0<a<4$

48. (1) 1 (2) 2

49. -4（$x=1$）

50. $(a,\ b)=(2,\ 5)$，$(-2,\ 5)$

▶ $f(x)=a(x-2)^2-2a+b$
$a=0$のとき，$f(x)=b$となり，題意を満たさないので$a\neq0$である．$a>0$のときと$a<0$のときで場合分けをする．

51. (1) $L=\sqrt{2}+2\sqrt{2a^2-2a+1}$

(2) $2\sqrt{2}$

52. $a>2-2\sqrt{3}$

▶ $y=f(x)$の軸$x=\dfrac{a}{2}$と$a\leqq x\leqq a+1$の位置関係で場合分けする．

53. $-1\leqq a<0$

▶ $y=|x-3|$のグラフ上にあるx座標が整数である点のうち，$y=\dfrac{1}{2}(x+a)$のグラフの下側（直線上も含む）にある点がちょうど3個となるaの範囲を求めればよい．

54. (1) $M=\begin{cases}1-2a & (a<\sqrt{2}-1)\\ a^2 & (\sqrt{2}-1\leqq a\leqq1)\\ 2a-1 & (a>1)\end{cases}$

(2) $3-2\sqrt{2}$

▶(1) $f(x)=\begin{cases}x(x-2a) & (x\geqq2a)\\ -x(x-2a) & (x<2a)\end{cases}$
x軸との交点のx座標$x=0$と$x=2a$の大小関係により，$a<0$，$a=0$，$a>0$の場合に分けて考える．

(2) Mのグラフを描いて考える．

55. $\pi:4$

▶針金の長さをlとし，長さx（$0<x<l$）で円を，長さ$l-x$で正方形を作るとする．面積の和を$S(x)$とすると，

$$S(x)=\pi\left(\frac{x}{2\pi}\right)^2+\left(\frac{l-x}{4}\right)^2$$
$$=\frac{4+\pi}{16\pi}\left(x-\frac{l\pi}{4+\pi}\right)^2+\frac{l^2}{4(4+\pi)}$$

56. $a=\dfrac{4}{3}$，重解は$x=\dfrac{2}{3}$

57. (1) $\alpha+\beta=-4$，$\alpha\beta=1$

(2) $\alpha^2+\beta^2=14$，$\alpha^3+\beta^3=-52$

(3) $\dfrac{\alpha}{\beta}+\dfrac{\beta}{\alpha}=14$，$\dfrac{\alpha^2}{\beta}+\dfrac{\beta^2}{\alpha}=-52$

58. $-1<a<0$

59. $m=8$

▶ 2解をα，3αとおき，解と係数の関係を利用する．

60. $k=3$，共通解は$x=1$

▶共通解をαとして，$x=\alpha$を2つの方程式に代入して解く．

61. $a<\alpha<b<c<\beta$

▶ $f(x)=2(x-b)(x-c)-(x-a)^2$とおいて，$f(a)$，$f(b)$，$f(c)$の符号を調べる．

62. (1) $\dfrac{1-\sqrt{7}}{2}<k<\dfrac{1+\sqrt{7}}{2}$

(2) $\dfrac{1+\sqrt{7}}{2}<k\leqq3$

63. 右の図の網掛け部分で，境界を含まない．

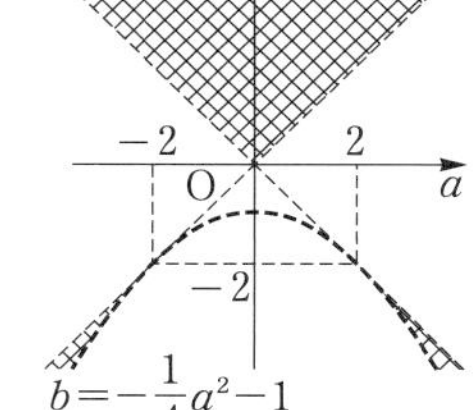

▶ $y=x^2-1$ と $y=ax+b$ を連立して y を消去すると，

$x^2-ax-b-1=0$ ……①

また，$y=x^2-1$ で $y>0$ となる x の範囲は，

$x<-1$，$x>1$ ……②

①が②の範囲に異なる2つの実数解をもつ条件を求めればよい．

64. $1 \leqq x+y \leqq \sqrt[3]{4}$

▶まず，$a=x+y$，$b=xy$ とおいて，条件より b を a で表して，x と y を2解とする2次方程式を考える．その方程式が0以上の2解をもつ条件を考えればよい．

65. (1) $\dfrac{1}{3}u^2+u+\dfrac{1}{3}$

(2) $-\dfrac{5}{12} \leqq (x+1)(y+1) \leqq 3+2\sqrt{2}$

▶(1) $I=(x+1)(y+1)$ とおくと，

$I=(x+y)+xy+1$ ……①

であるから，xy を u で表す．

$x^2-xy+y^2=2 \iff (x+y)^2-3xy=2$

より，$xy=\dfrac{u^2-2}{3}$

これを①に代入する．

(2) x と y は t の2次方程式

$t^2-ut+\dfrac{u^2-2}{3}=0$ ……②

の2解であり，x と y が実数より，②の判別式を D とすると，$D \geqq 0$ である．これより，u の範囲を求めると，

$-2\sqrt{2} \leqq u \leqq 2\sqrt{2}$ ……③

③の範囲で，I のとり得る値の範囲を求めればよい．

66. 下図の網掛け部分で，境界は $b=\dfrac{1}{4}a^2$ の $0<a<2$ を満たす部分のみ含む．

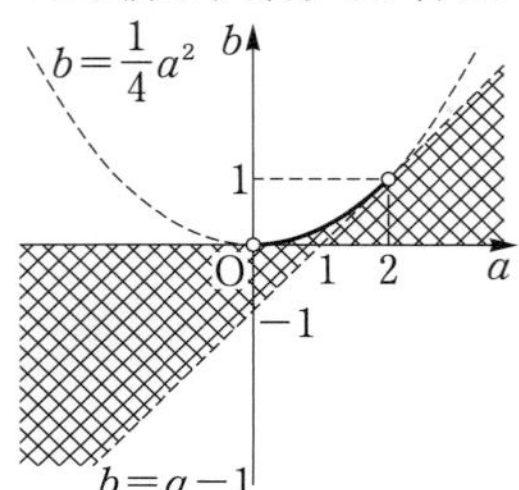

▶ $f(x)=x^2-ax+b$ とおく．$y=f(x)$ のグラフが x 軸と $0<x<1$ の範囲に1個または2個共有点をもつ条件を求めればよい．次の6つの場合に分けて考える．

(i) $0<x<1$ の範囲に1個，$x<0$ の範囲に1個共有点をもつとき，条件は，

$f(0)<0$ かつ $f(1)>0$

(ii) $0<x<1$ の範囲に1個，$x>1$ の範囲に1個共有点をもつとき，条件は，

$f(0)>0$ かつ $f(1)<0$

(iii) $x=0$ で1個と，$0<x<1$ の範囲に1個共有点をもつとき，条件は，

$f(0)=0$ かつ $0<\dfrac{a}{2}<1$ かつ $f(1)>0$

(iv) $x=1$ で1個と，$0<x<1$ の範囲に1個共有点をもつとき，条件は，

$f(1)=0$ かつ $f(0)>0$ かつ $0<\dfrac{a}{2}<1$

(v) $0<x<1$ の範囲にただ1個共有点をもつとき

(vi) $0<x<1$ の範囲に2個共有点をもつとき

(v)または(vi)となる条件は，

$f(0)>0$ かつ $f(1)>0$ かつ $0<\dfrac{a}{2}<1$ かつ $b-\dfrac{a^2}{4} \leqq 0$

67. $a=11$，残りの解 $x=2$，3

68. $x=0$，-5，$\dfrac{-5 \pm \sqrt{15}i}{2}$

69. $(a,\ b)=(\sqrt{2},\ \sqrt{2})$，$(-\sqrt{2},\ -\sqrt{2})$

70. $x=-1$，$\dfrac{1}{2}$，$-1 \pm i$

71. $\alpha+\beta+\gamma=2$，$\alpha^2+\beta^2+\gamma^2=2$，$\alpha^3+\beta^3+\gamma^3=5$

▶解と係数の関係を利用する．

72. $(a,\ b)=(-6,\ 15)$

73. $(a,\ b)=(4,\ 5)$，$-1-2\sqrt{6}<a<-1+2\sqrt{6}$

▶ $x^3-ax^2+bx+a-6=0$ ……(*) が $x=1$ を2重解にもつとき，$x=1$ を代入すると，$b=5$　このとき，(*)は，

$(x-1)\{x^2+(1-a)x+6-a\}=0$

よって，

$x^2+(1-a)x+6-a=0$ ……(**)

が $x=1$ を解にもつので代入して，a の値を求める．

また，実数解が $x=1$ のみのとき，(**)が虚数解をもつ条件を求めればよい．

よって，判別式を D とすると，$D<0$

74. (1)　$t^2+2t+a-2=0$

(2)　$x=\dfrac{-1\pm\sqrt{3}\,i}{2}$　　(3)　$a<-6$

▶(1)　$x\neq0$ より，(*) の両辺を x^2 で割る．

(3)　$x+\dfrac{1}{x}=t \iff x^2-tx+1=0$　……①

①が異なる 2 実解をもつ条件は，

$D>0$ より，$t<-2$，$t>2$　……②

よって，$t^2+2t+a-2=0$ が②の範囲に異なる 2 実解をもつ条件を考えればよい．

$f(t)=t^2+2t+a-2$ とおくと，求める条件は，

$f(-2)<0$ かつ $f(2)<0$

75. 下図の斜線部分で，境界と $b=a$，$b=-a-1$ 上の点は含まない．

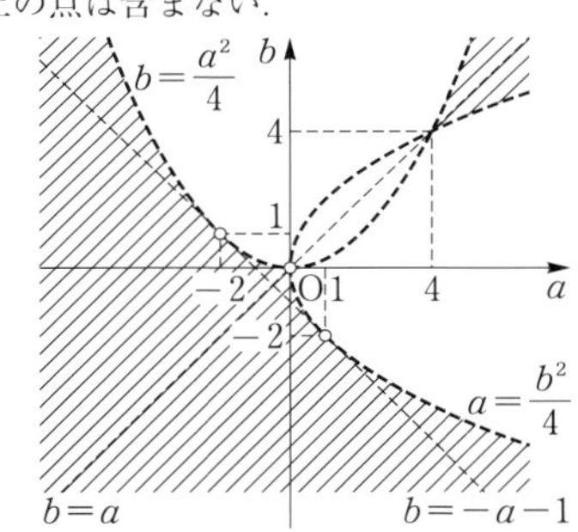

▶ $(x^2+ax+b)(x^2+bx+a)=0$　……(*)

$x^2+ax+b=0$　……①

$x^2+bx+a=0$　……②

とする．(*) が 4 個の異なる実数解をもつ条件は，①と②がそれぞれ異なる 2 実解をもち，かつ①と②に共通解がないことである．

76. (2)　$\alpha=1$

▶(1)　$A=\sqrt[3]{\sqrt{\dfrac{28}{27}}+1}$，$B=\sqrt[3]{\sqrt{\dfrac{28}{27}}-1}$

とおくと，$\alpha=A-B$

また，$A^3-B^3=2$，$AB=\dfrac{1}{3}$

ここで，

$A^3-B^3=(A-B)\{(A-B)^2+3AB\}$

だから，$\alpha^3+\alpha=2$

よって，α は整数を係数とする 3 次方程式 $x^3+x-2=0$　……(*) の解である．

(2)　(*) $\iff (x-1)(x^2+x+2)=0$

$\iff x=1,\ \dfrac{-1\pm\sqrt{7}\,i}{2}$

77. 中央値 27，四分位範囲 7

▶データの値を小さい順に並べたとき，中央の値を中央値という．データが偶数個の値からなるとき，中央の 2 つの値の平均値が中央値．

78. 平均値 $a+1$，分散 6.8

▶分散は，(偏差)^2 の平均値．

※ (偏差) = (データの値) − (平均値)

79. −0.9

▶変量 x の平均値は 6, 分散は 8 であり，変量 y の平均値は 4, 分散は 2 である．

また，変量 x と変量 y の共分散は $-\dfrac{18}{5}$ である．

(相関係数 r)

$=\dfrac{(\text{変量 }x\text{ と変量 }y\text{ の共分散})}{(\text{変量 }x\text{ の標準偏差})\cdot(\text{変量 }y\text{ の標準偏差})}$

80. 4 通り

▶得点の値を小さい順に並べたとき，5 番目にくる値が何通り考えられるか求める．中央値として考えられる値は，

57，58，59，60

である．

81. (1)　略

(2)　$a^2+b^2+c^2=780$，$ab+bc+ca=492$

▶(2)　平均値が 14 であるから，

$\dfrac{a+b+c}{3}=14$

標準偏差が 8 のとき，分散は 64 であるから，

$\dfrac{a^2+b^2+c^2}{3}-14^2=64$

82. (1)　$\overline{x}=15a$，$s_x=\sqrt{70}\,a$

(2)　$\overline{z}=0$，$s_z=1$

▶(2)　$z=ax+b$ (a，b は定数) に対して，

$\overline{z}=a\overline{x}+b$，$s_z{}^2=a^2\cdot s_x{}^2$

であることを用いる．

83. (1)　$\overline{x}=\dfrac{7}{6}d$，$\overline{y}=\dfrac{23}{18}d$

(2)　$s_{x'}=1$，$s_{y'}=\dfrac{2\sqrt{2}}{3}$

(3)　$\dfrac{3\sqrt{2}}{8}$

▶(2)　変量 x'，y' の値は次のようになる．

生徒番号	①	②	③	④	⑤	⑥
x'	1	1	3	0	1	0
y'	0	2	3	1	2	2

これより，

$$\overline{x'}=\frac{6}{d}\cdot\overline{x}-6$$
$$=1$$
$$\overline{y'}=\frac{6}{d}\cdot\overline{y}-6$$
$$=\frac{5}{3}$$

である．

(3) $x'=ax+b$，$y'=cy+d$（a，b，c，d は定数）に対して，

$ac>0$ のとき，$r_{x'y'}=r_{xy}$

$ac<0$ のとき，$r_{x'y'}=-r_{xy}$

であることを用いる．

84. (1) $m=x+2$，$s^2=4x^2-4x+\frac{34}{5}$

(2) $0\leqq x\leqq\frac{1}{5}$

(3) $\frac{154}{25}$

▶(2) $5x$ 以外の点数を値が小さい順に並べると，

0，1，2，7

であるから，中央値が 1 であるとき，

$5x\leqq 1$

(3) $s^2=4x^2-4x+\frac{34}{5}$

$$=4\left(x-\frac{1}{2}\right)^2+\frac{29}{5}$$

85. 平均値 64，分散 130

▶ A 組の 40 人の生徒の得点の総和を S_A，得点の 2 乗の総和を T_A，B 組の 60 人の生徒の得点の総和を S_B，得点の 2 乗の総和を T_B とするとき，100 人の得点の平均値 m と分散 s^2 は，

$$m=\frac{S_A+S_B}{100}$$
$$s^2=\frac{T_A+T_B}{100}-m^2$$

である．

86. (1) $\frac{3}{5}$ (2) $\frac{\sqrt{15}}{15}$

(3) $(a,\ b,\ c)=(54,\ 76,\ 65)$，$(76,\ 54,\ 65)$

▶科目 X の得点を変量 x，科目 Y の得点を変量 y とする．

$$\overline{x}=\frac{3a+3b+4c}{10}$$
$$\overline{y}=\frac{5a+5b}{10}$$

であるから，$\overline{x}=\overline{y}$ より，

$$\frac{3a+3b+4c}{10}=\frac{5a+5b}{10}$$
$$c=\frac{a+b}{2}$$

(1) $s_X{}^2=\frac{3a^2+3b^2+4c^2}{10}-\left(\frac{a+b}{2}\right)^2$

$$=\frac{3}{20}(a-b)^2$$

$$s_Y{}^2=\frac{5a^2+5b^2}{10}-\left(\frac{a+b}{2}\right)^2$$
$$=\frac{1}{4}(a-b)^2$$

(2) x と y の共分散 s_{XY} は，

$$s_{XY}=\frac{2a^2+2b^2+2ab+2bc+2ca}{10}-\left(\frac{a+b}{2}\right)^2$$
$$=\frac{1}{20}(a-b)^2$$

(3) $c=\frac{a+b}{2}$ であるから，

$a<b$ のとき $a<c<b$

$a>b$ のとき $b<c<a$

であり，x の値は，

a，a，a，c，c，c，c，b，b，b

であるから，x の中央値は c である．

y の標準偏差が 11 であるから，

$$\sqrt{\frac{1}{4}(a-b)^2}=11$$

すなわち，

$|a-b|=22$

87. (1) $\overline{x}=5.5$，$\overline{y}=7.5$，$\overline{z}=14$，$\overline{w}=3.5$

(2) $s_x{}^2=8.25$，$s_y{}^2=8.25$，$s_z{}^2=33$，$s_w{}^2=8.25$

(3) $s_{xy}=3.25$，$r_{xy}=\frac{13}{33}$ $(=0.\dot{3}\dot{9})$，

$s_{zw}=6.5$，$r_{zw}=\frac{13}{33}$ $(=0.\dot{3}\dot{9})$

▶(1) $\overline{x}=\frac{x_1+x_2+\cdots\cdots+x_{10}}{10}$

$$\overline{y}=\frac{y_1+y_2+\cdots\cdots+y_{10}}{10}$$

$z=2x+3$，$w=y-4$ であるから，

$\overline{z}=2\overline{x}+3$，$\overline{w}=\overline{y}-4$

(2) $s_x{}^2=\dfrac{x_1{}^2+x_2{}^2+\cdots\cdots+x_{10}{}^2}{10}-(\overline{x})^2$

$s_y{}^2=\dfrac{y_1{}^2+y_2{}^2+\cdots\cdots+y_{10}{}^2}{10}-(\overline{y})^2$

$z=2x+3$, $w=y-4$ であるから,

$s_z{}^2=2^2\cdot s_x{}^2$, $s_w{}^2=1^2\cdot s_y{}^2$

(3) $s_{xy}=\dfrac{x_1y_1+x_2y_2+\cdots\cdots+x_{10}y_{10}}{10}-\overline{x}\cdot\overline{y}$

$r_{xy}=\dfrac{s_{xy}}{s_xs_y}$

$z=2x+3$, $w=y-4$ であるから,

$s_{zw}=2\cdot1\cdot s_{xy}$, $r_{zw}=r_{xy}$

88. (1) 720 個
(2) 120 個

89. (1) 56 通り　(2) 30 通り
(3) 16 通り

90. 1260 通り

91. (1) 10 通り　(2) 64 通り
(3) 29 通り

92. (1) 144 通り
(2) 576 通り

▶(2) 初めからすべての席に区別がついている. よって, これらの席に男性 4 人, 女性 4 人を座らせる方法であるから, $4!\cdot4!=576$ (通り)

93. (1) 2520 通り
(2) 3360 通り

▶先に走る順に左から一列に並べて, 走る順を表現するものとする.

(1) ○, ○, C, D, E, F, G を並べたあと, 2 つの○に左から B, A を入れればよい.

(2) (1)より, A が B よりあとに走る順番, A が C よりあとに走る順番はともに 2520 通り. ただし, これらには, A が B よりあとに走り, かつ A が C よりあとに走るような場合が重複して数えられている.

94. (1) 6 通り　(2) 192 通り

▶塗り分けには最低 3 色は必要である.

(1) A と D, B と E, C と F を同色で塗るしかない. よって, AD, BE, CF に使う色を 3 色から決める方法であるから, $3!=6$ (通り)

(2) A → B → C → D → E → F の順に塗ることを考える.

95. (1) 252 通り　(2) 28 通り
(3) 16 通り

▶(2) 透明な玉を並べる位置を決めると, 残りの玉は, 赤玉 6 個, 青玉 2 個の 8 個を並べる並べ方である.

(3) (2)から逆算する. このとき, 透明な玉が上になるように首輪を置いて, 左右対称になるものと左右非対称になるもので分けて考える.

左右対称になるものは, 左右にそれぞれ赤玉 3 個, 青玉 1 個を配置すればよいから, 並べ方は $\dfrac{4!}{3!}=4$ (通り)

一方, 左右非対称なものが x 通りあるとする. 左右対称な首輪からは(2)の配列が 1 通りずつ得られ, 左右非対称な首輪からは(2)の配列が 2 通りずつ得られることから,

$4+2x=28$ より, $x=12$

96. (1) 30 通り　(2) 3 通り
(3) 450 通り

▶(2) 2 つの 1 が上面と底面にあるように置いて考える. まず, 4 つの側面のうちの 1 つの面に 2 を書き込むと, 2 の向かい側の面の数字の選び方は 3 通り. 残りの 2 面は回転により同一視できるから, ここに残りの 2 数を書き込む方法は 1 通り.

(3) 数字の選び方は(1)より 30 通りある. まず, 1, 1, 2, 3, 4, 5 を選んだ場合の書き込み方を考える.

(i) 2 つの 1 が隣り合う面にあるように書き込むとき, 2, 3, 4, 5 を残りの 2 側面に書き込む数と, 上面と底面に書き込む数に分ける. この分け方は ${}_4C_2$ 通りで, 残りの 2 側面に 2 数を書き込む方法は 1 通り, 上面と底面に残り 2 数を書き込む方法は 2! 通りある.

よって, ${}_4C_2\cdot1\cdot2!=12$ (通り)

(ii) 2 つの 1 が向かい合う面にあるように書き込むとき, (2)より 3 通り.

97. (1) $2n$ 個

(2) $6n(3n-1)$ 個

(3) $2n(9n-5)$ 個

(4) $3n(3n-1)(3n-2)$ 個

▶正 $6n$ 角形の外接円を C とする．

(2) 直角三角形の斜辺は円 C の直径だから，その選び方は，$\dfrac{6n}{2}=3n$（通り）

このそれぞれに対し，残りの1頂点の選び方が $(6n-2)$ 通りずつある．

(3) 正三角形でない二等辺三角形の数と，(1)の正三角形の数を合わせる．

正三角形でない二等辺三角形は，その頂点を PQ=PR であるように反時計回りに P，Q，R とすると，点 P の選び方は $6n$ 通り．このそれぞれに対し，点 Q，R の選び方が（正三角形のときを除いて）$\dfrac{6n-2}{2}-1=3n-2$（通り）ある．

(4) 鈍角三角形の頂点を，∠PQR が鈍角であるように反時計まわりに P，Q，R とすると，点 P の選び方は $6n$ 通り．

また，点 Q，R は右図のように，ともに直径 PP′ の同じ側にあるから，その選び方は，

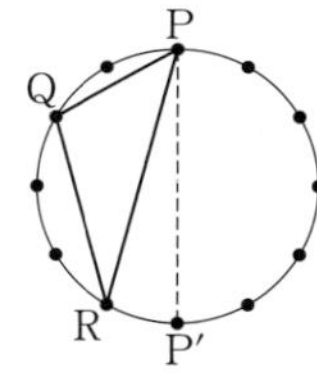

$${}_{\frac{6n-2}{2}}C_2=\frac{1}{2}(3n-1)(3n-2)\text{（通り）}$$

98. 8通り

99. (1) 移動距離 900m，最短経路 126 通り

(2) 86 通り　(3) 30 通り

100. (1) 756 通り　(2) 378 通り

101. (1) 66 通り　(2) 45 通り

102. (1) 20 通り　(2) 56 通り

103. (1) 216 通り　(2) 485 通り

▶街路を池の中まで仮想的に延長して，図のように P，Q，R の3地点を定める．

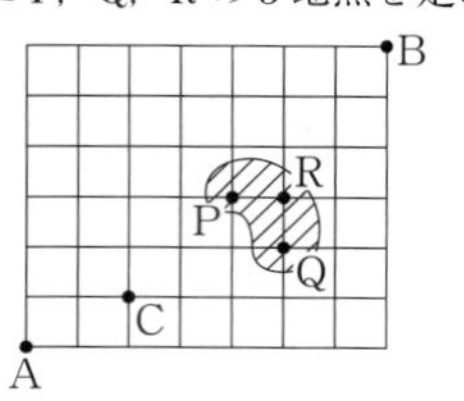

池がある場合の経路の数は，仮想的な街路を含めた最短経路全体の数から，P を通る経路と Q を通る経路（重複なし）の数を除いたものである．以下，とくに断りのない限り，街路は仮想的な街路を含めたものを指すことにする．

(1) A から C を経由し，B に至る最短経路は，$\dfrac{3!}{2!\cdot 1!}\cdot\dfrac{10!}{5!\cdot 5!}=756$ ……①

このうち，P を経由する経路は，

$\dfrac{3!}{2!\cdot 1!}\cdot\dfrac{4!}{2!\cdot 2!}\cdot\dfrac{6!}{3!\cdot 3!}=360$ ……②

であり，Q を経由する経路は，

$\dfrac{3!}{2!\cdot 1!}\cdot\dfrac{4!}{3!\cdot 1!}\cdot\dfrac{6!}{2!\cdot 4!}=180$ ……③

①から②と③を除けばよい．

(2) まず，池がある場合の A から B に至る最短経路数を求めて，(1)の経路数を除けばよい．池がある場合の A から B に至る最短経路数は，(1)と同様に考えて，

$$\frac{13!}{7!\cdot 6!}-\left(\frac{7!}{4!\cdot 3!}\cdot\frac{6!}{3!\cdot 3!}+\frac{7!}{5!\cdot 2!}\cdot\frac{6!}{2!\cdot 4!}\right)$$
$$=1716-(700+315)$$
$$=701\text{（通り）}$$

104. (1) 630 通り　(2) 1806 通り

(3) 301 通り

▶(3) 7個の球を3つのグループに分ける方法が x 通りあるとする．そのそれぞれについて，A，B，C のケースに入れる方法を考えると $3!$ 通りずつあり，(2)の分け方になるから，

$x\cdot 3!=1806$

105. (1) 588 通り　(2) 60 通り

(3) 465 通り

▶(1) 赤玉5個を A，B，C の3つの袋に分けて入れる方法は，下図のように，5個の●と2本の｜の並べ方に相当する．白玉6個の分け方も同様に考えられる．

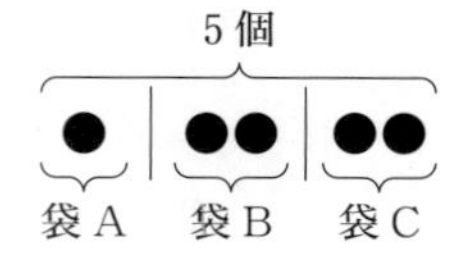

(3) (1)から，空の袋がある場合を除く．1袋(例えばA)が空のとき，B，Cの2つの袋に入れるために赤玉，白玉をそれぞれ1本の区切り線で分けると考えればよい．

$\frac{6!}{5!\cdot1!}\cdot\frac{7!}{6!\cdot1!}=42$ (通り)

B，Cが空のときも同様だから，このときの玉の入れ方は，

$3\cdot42=126$ (通り)

また，2袋が空のとき，玉の入れ方は3通り．

106. $\frac{1}{6}(n-4)(n-5)(n-6)$ 通り

▶ 選んだ3つの数字を小さい順に x，y，z とすると，x，y，z の満たす条件は，

$x\geqq1$，$y-x\geqq3$，$z-y\geqq3$，$z\leqq n$ ……①

である．ここで，①は

$x\geqq1$，$y-x>2$，$z-y>2$，$z\leqq n$

と同値であり，さらに

$a=x$，$b=y-2$，$c=z-4$

の置き換えにより，

$a\geqq1$，$b-a>0$，$c-b>0$，$c\leqq n-4$

すなわち，

$1\leqq a<b<c\leqq n-4$ ……②

と書き換えられる．

したがって，①を満たす整数の組 (x, y, z) は，②を満たす整数の組 (a, b, c) と1対1に対応し，②を満たす整数の組 (a, b, c) は ${}_{n-4}C_3$ 通りある．

よって，求める選び方も ${}_{n-4}C_3$ 通りある．

107. (1) $\frac{1}{24}$ (2) $\frac{1}{2}$ (3) $\frac{1}{2}$

108. (1) $\frac{5}{14}$ (2) $\frac{9}{14}$

109. (1)(i) $\frac{12}{125}$ (ii) $\frac{36}{125}$

(2)(i) $\frac{1}{10}$ (ii) $\frac{3}{10}$

110. (1) 180個 (2) $\frac{7}{15}$

▶(2) 余事象の確率を考える．

同じ数字が全く隣り合っていないことの余事象は，次の事象 A または事象 B である．

A…「2個の1が隣り合っている」

B…「2個の2が隣り合っている」

111. (1) $\frac{1}{8}$ (2) $\frac{19}{216}$ (3) $\frac{19}{27}$

▶(3) 出た目の数の積が3の倍数となることの余事象は，3個とも3，6以外の目が出る事象である．

112. (1) $\frac{1}{35}$ (2) $\frac{1}{24}$ (3) $\frac{1}{144}$

(4) $\frac{2}{21}$ (5) $\frac{11}{21}$

▶(1) 7枚のカードの並べ方を，赤，黒の位置にのみ着目してグループ分けすると，$\frac{7!}{4!\cdot3!}=35$ (通り)に分類され，これらは同様に確からしい．このうち，赤，黒2色が交互に並んでいるのは「赤黒赤黒赤黒赤」の1グループだけである．

(2) 赤色の数字が書かれた4枚のカードの位置関係でグループ分けすると，$4!=24$ (通り)に分類され，これらは同様に確からしい．このうち，題意を満たすような並び方のものは1グループだけである．

(3) (2)と同様に，赤色の数字が書かれた4枚のカードの位置関係，黒色の数字が書かれた3枚のカードの位置関係のみに着目してグループ分けすると，$4!\cdot3!=144$ (通り)の同様に確からしいグループに分類される．

(4) カードの番号にのみ着目してグループ分けすると，$\frac{7!}{2!\cdot2!}=1260$ (通り)の同様に確からしいグループに分類される．このうち，同じ数字がすべて隣り合っているグループは，$5!=120$ (通り)

(5) 余事象の確率を考える．

113. (1) $\frac{1}{27}$ (2) $\frac{49}{729}$

▶(2) 一般に，n 人でジャンケンをして勝ち負けが生じたとき，勝った人の選び方が M 通りとすると，その確率は，

$\frac{M\cdot3}{3^n}=\frac{M}{3^{n-1}}$

1回目終了時にAを含めて何人残っていたかで場合分けして考える．

114. (1) ＜5, 1＞, ＜5, 2＞, ＜6, 1＞, ＜6, 2＞

(2) ＜5, 1＞

▶(1) さいころBにおいて, 各目の書かれた面の数を下表のようにおく.

目	1	2	3	4	5	6	計
面数	n_1	n_2	n_3	n_4	n_5	n_6	6

出る目を（Aの目, Bの目）の順に書き表すと,

目の和が3：(1, 2) または (2, 1)

目の和が11：(5, 6) または (6, 5)

であるから,

$$\begin{cases} \dfrac{1\cdot n_2+1\cdot n_1}{6^2}=\dfrac{1}{12} \text{ より, } n_1+n_2=3 \\ \dfrac{1\cdot n_6+1\cdot n_5}{6^2}=\dfrac{1}{36} \text{ より, } n_5+n_6=1 \end{cases}$$

したがって, n_1 または n_2 が2であり, n_5 または n_6 が0である.

(2) 目の和が6となるのは, (1, 5), (2, 4), (3, 3), (4, 2), (5, 1) のときであるから,

$$\frac{1\cdot(n_5+n_4+n_3+n_2+n_1)}{6^2}=\frac{6-n_6}{36}=\frac{5}{36}$$

より, $n_6=1$, $n_5=0$ ……(＊)

また, 目の積が12となるのは, (2, 6), (3, 4), (4, 3), (6, 2) のときであるから, (＊)の結果も合わせて,

$$\frac{1\cdot(n_6+n_4+n_3+n_2)}{6^2}=\frac{6-n_1}{36}=\frac{1}{9}$$

より, $n_1=2$, $n_2=1$

115. (1) $\dfrac{1}{3^n}$ (2) $\dfrac{2^n-2}{3^n}$

(3) $\dfrac{3^{n-1}-2^n+1}{3^{n-1}}$

▶ X, Y, Zの出方の総数は 3^n 通り.

(1) すべてXである出方は1通り.

(2) n 個のおまけにZが含まれない場合, おまけの出方は 2^n 通り.

このうち,「すべてX」の場合と「すべてY」の場合を除いて, $\dfrac{2^n-2}{3^n}$

(3) 余事象の確率を考える. 余事象は, 出ないおまけがあった場合である. どのおまけが出なかったかも考慮して, 出ないおまけが2種類のとき, (1)より,

$${}_3C_2\cdot\frac{1}{3^n}=\frac{1}{3^{n-1}}$$

出ないおまけが1種類のとき, (2)より,

$${}_3C_1\cdot\frac{2^n-2}{3^n}=\frac{2^n-2}{3^{n-1}}$$

116. $\dfrac{7}{50}$

117. (1) $\dfrac{1}{5}$ (2) $\dfrac{1}{5}$

(3) $\dfrac{41}{225}$

118. $\dfrac{7}{60}$

119. (1) $\dfrac{3}{8}$ (2) $\dfrac{7}{12}$

120. (1) $\dfrac{17}{50}$ (2) $\dfrac{16}{25}$

(3) $\dfrac{8}{17}$

▶(2) 余事象の確率を考える.

(3) 和 $X+Y$ が3の倍数になる34通りのうち, 積も3の倍数であるのは, X, Y ともに[0], [3], [6], [9]から選ぶ場合の16通りである.

121. (1) $\dfrac{18}{25}$ (2) $\dfrac{7}{25}$

▶以下, 袋の中の白, 黒の球の個数を（白い球, 黒い球）の順で表記する.

(1) 3回とも白い球が取り出される場合, 袋の中身は次のように変化する.

1回目 2回目 3回目

(10, 0) → (9, 1) → (8, 2)

(2) 白が2回, 黒が1回取り出されるのは, 次のいずれかの場合である.

(i) 白, 白, 黒の順で取り出される場合. このとき, 袋の中身は次のように変化する.

1回目 2回目 3回目

(10, 0) → (9, 1) → (8, 2)

(ii) 白, 黒, 白の順で取り出される場合. このとき, 袋の中身は次のように変化する.

1回目 2回目 3回目

(10, 0) → (9, 1) → (10, 0)

122. (1)　$\dfrac{2}{3}$　　(2)　$a_{n+1}=-\dfrac{1}{3}a_n+\dfrac{2}{3}$

(3)　$a_n=\dfrac{1}{2}\left\{1-\left(-\dfrac{1}{3}\right)^n\right\}$

▶(2)　S_{n+1} が奇数となるのは，

(i)　S_n が奇数で，$n+1$ 回目に 2 の数字を書いたカードを取り出した場合

(ii)　S_n が偶数で，$n+1$ 回目に 1 または 3 の数字を書いたカードを取り出した場合

のいずれかで，これらは排反である．よって，

$$a_{n+1}=a_n\cdot\frac{1}{3}+(1-a_n)\cdot\frac{2}{3}$$

(3)　(2)より，$a_{n+1}-\dfrac{1}{2}=-\dfrac{1}{3}\left(a_n-\dfrac{1}{2}\right)$ と変形できる．

123. (1)　$\dfrac{2(n-i)}{n(n-1)}$　　(2)　$\dfrac{2(j-1)}{n(n-1)}$

(3)　$\dfrac{2}{n(n-1)}$

▶ n 本のくじを，引いた順に左から 1 列に並べて置く．n 本のくじの並べ方を，あたり，はずれの位置にのみ着目すると，

$$\frac{n!}{2!\cdot(n-2)!}=\frac{1}{2}n(n-1)\text{（通り）}$$

……(＊)

の同様に確からしいグループに分類される．

(1)　$X=i$ となるのは，左から i 番目と「$i+1$ 番目から n 番目のうちの 1 箇所」にあたりのくじを並べる場合で，(＊) のグループ分けのうち，この条件を満たすものは $n-i$ 通りある．

(2)　$Y=j$ となるのは，左から j 番目と「1 番目から $j-1$ 番目のうちの 1 箇所」にあたりのくじを並べる場合で，(＊) のグループ分けのうち，この条件を満たすものは $j-1$ 通りある．

(3)　$X=i$ かつ $Y=j$ となるのは，左から i 番目と j 番目にあたりのくじを並べる場合で，(＊) のグループ分けのうち，この条件を満たすものは 1 通りある．

124. (1)　$X=0$ の確率 $\dfrac{1}{14}$，　$X=1$ の確率 $\dfrac{3}{7}$

$X=2$ の確率 $\dfrac{3}{7}$，　$X=3$ の確率 $\dfrac{1}{14}$

(2)　$\dfrac{15}{28}$　　(3)　$\dfrac{2}{5}$

▶(2)　$X=1,\ 2,\ 3$ の各場合について，$Y=1$ となる確率を考える．確率の乗法定理より，

$$P((X=k)\cap(Y=1))=P(X=k)\cdot P_{X=k}(Y=1)\quad(k=1,\ 2,\ 3)$$

であるから，

$$P((X=1)\cap(Y=1))=\frac{3}{7}\cdot\frac{{}_1\mathrm{C}_1\cdot{}_3\mathrm{C}_1}{{}_4\mathrm{C}_2}$$

$$P((X=2)\cap(Y=1))=\frac{3}{7}\cdot\frac{{}_2\mathrm{C}_1\cdot{}_2\mathrm{C}_1}{{}_4\mathrm{C}_2}$$

$$P((X=3)\cap(Y=1))=\frac{1}{14}\cdot\frac{{}_3\mathrm{C}_1\cdot{}_1\mathrm{C}_1}{{}_4\mathrm{C}_2}$$

求める確率はこれらの和である．

(3)　$P_{Y=1}(X=1)=\dfrac{P((X=1)\cap(Y=1))}{P(Y=1)}$

125. $\dfrac{128}{625}$

126. $\dfrac{160}{729}$

127. (1)　$\dfrac{45}{1024}$　　(2)　$\dfrac{7}{128}$

128. (1)　$\dfrac{25}{81}$　　(2)　$\dfrac{28}{81}$

▶ 6 回の移動のうち，右回りに移動する回数を a 回，左回りに移動する回数を b 回とする．ただし，$a+b=6$ である．

(2)　動点 P が 6 回の移動後に点 C にあるのは，$a-b$ が $6k+2$（k は整数）と表せるときだから，

$(a,\ b)=(4,\ 2),\ (1,\ 5)$

129. (1)　$\dfrac{162}{625}$　　(2)　$\dfrac{2133}{3125}$

130. (1) $\dfrac{1}{32}$ (2) $\dfrac{73}{256}$

▶(1) 2回目から6回目まで，前回勝った人が次の回で負けることを繰り返せばよい．

(2) 1回目にBが勝った場合，Cが優勝者となるのは，次の3つの場合がある．(上段が勝者，下段が前回控えの人)

(i) B┬C┬C
C┘A┘

(ii) B┬C┬A┬B┬C┬C
C┘A┘B┘C┘A┘

(iii) B┬C┬A┬B┬C┬A┬B┬C┬C
C┘A┘B┘C┘A┘B┘C┘A┘

1回目にAが勝った場合も同様に，3回目，6回目，9回目にCが優勝する場合がある．

131. (1) $1-\left(\dfrac{2}{3}\right)^n$ (2) $\dfrac{n(n-1)^2}{6^n}$

▶(1) 余事象の確率を考える．

(2) $X=30$ となるのは，次のいずれかの場合である．

(i) 5，6の目が1回ずつ出て，他の $n-2$ 回は1の目が出る場合．
このとき，n 回のうち，5，6，1の目が出る回の選び方が $\dfrac{n!}{(n-2)!}$ 通りある．

(ii) 5，2，3の目が1回ずつ出て，他の $n-3$ 回は1の目が出る場合．
このとき，n 回のうち，5，2，3，1の目が出る回の選び方が $\dfrac{n!}{(n-3)!}$ 通りある．

132. (1) $\dfrac{1}{54}$ (2) $\dfrac{4}{81}$ (3) $\dfrac{11}{72}$

▶サイコロを4回振ったとき，1か2の目が出る回数を a 回，3か4の目が出る回数を b 回，5の目が出る回数を c 回，6の目が出る回数を d 回とする．ただし，$a+b+c+d=4$ (a, b, c, d は0以上の整数)．

(1) Pが座標(2，2)に来るとき

$$\begin{cases}\text{移動後の}x\text{座標} & a-b=2\\ \text{移動後の}y\text{座標} & c-d=2\end{cases}$$

(2) Pが x 軸上だけを動いて座標(2，0)に来るとき

$$\begin{cases}\text{移動後の}x\text{座標} & a-b=2\\ y\text{軸方向の移動なし} & c=d=0\end{cases}$$

(3) Pが座標(0，0)に来るとき

$$\begin{cases}\text{移動後の}x\text{座標} & a-b=0\\ \text{移動後の}y\text{座標} & c-d=0\end{cases}$$

よって，(a, b, c, d) は，$(2, 2, 0, 0)$，$(1, 1, 1, 1)$，$(0, 0, 2, 2)$ のいずれか．

133. P_n を最大とする n の値 6，
P_n を最小とする n の値 15

▶ $P_n={}_{15}C_n\left(\dfrac{2}{5}\right)^n\left(\dfrac{3}{5}\right)^{15-n}$

$$=\frac{15!\cdot 3^{15}}{5^{15}}\cdot\frac{2^n}{n!\cdot(15-n)!\cdot 3^n}$$

よって，$\dfrac{P_{n+1}}{P_n}=\dfrac{2(15-n)}{3(n+1)}$ $(0\leqq n\leqq 14)$

$P_{n+1}>P_n$ (増加)，$P_{n+1}<P_n$ (減少) となる n の値の範囲を求めるために，$\dfrac{P_{n+1}}{P_n}$ と1の大小を比較する．

134. $\alpha=30°$，$\beta=115°$

135. $x=6$，$y=2\sqrt{10}$，$z=\sqrt{7}$

136. (1) 2：3 (2) 15：8

137. (1) 1：2 (2) 3：1

▶(1) 三角形QBCと直線ASにメネラウスの定理を適用する．

(2) 三角形ABSと直線QCにメネラウスの定理を適用する．

138. $\dfrac{60}{7}$

▶三角形ABCは直角三角形であるから，三平方の定理より，$BC=\sqrt{5^2-4^2}=3$
三角形PCBと三角形PACは相似であることより求める．

139. ▶(1) 直線AHと直線LNの交点をKとする．直線LNは線分AHの垂直二等分線であることから，三角形ALNと三角形HLNは合同であることを示す．

(2) 三角形ALNと三角形MNLは合同であることから，$\angle LMN=\angle A$ を示し，これと(1)の結果より，
$\angle LMN=\angle LHN$ を示す．

140. ▶ 三角形ACMと三角形ANCは相似であることから,

$$\frac{CM}{NC}=\frac{AC}{AN}=\frac{1}{2}=\frac{MB}{NB}$$

が成り立つ, すなわち, BCは∠MCNの二等分線であることを示す.

141. ▶ (1) 4点D, B, C, Eを通る円に方べきの定理を適用すると,

AB・AD＝AC・AE

これに, $AD=\frac{1}{2}AB$, $AE=\frac{1}{2}AC$ を代入する.

(2) Gは三角形ABCの重心である. AGの延長と辺BCの交点をFとすると, (1)の結果より, 三角形ABFと三角形ACFは合同であるから,

∠BAF＝∠CAF

よって, $\angle BAG=\frac{1}{2}\angle BAE$

(3) (2)の結果より, 三角形ABGはGA＝GBの二等辺三角形である. このとき, 中線CDは辺ABと垂直になるから, CA＝CB

142. (2) 60°

▶ (1) 三角形ACDは正三角形である. 三角形ABDに着目すると,

∠ADB＜∠DABより, AB＜BD

(2) 四角形ABCDは円に内接する.

よって, ∠ABE＝∠ACD＝60°より, 三角形ABEは正三角形である.

(3) (2)の点Eに関して, 三角形ABCと三角形AEDの合同から, BC＝EDを示す.

143. ▶ 四角形AFPEと四角形CEPDは円に内接するから, 円に内接する四角形の性質より,

∠AFP＝∠CEP＝∠BDP　……(*)

さらに, 方べきの定理より,

BF・BA＝BP・BE＝BD・BC

よって, 方べきの定理の逆より, 4点A, F, D, Cも同一円周上にある.

よって, ∠AFC＝∠ADC

これと(*)より, ∠ADB＝∠ADC＝90°

よって, AD⊥BCであり, 同時に,

∠AFC＝∠ADC＝90°

となることから, CF⊥ABも示せる.

144. 平行であるとき $a=\sqrt{2}$,

直交しているとき $a=\frac{-3+\sqrt{13}}{2}$

145. $(x-1)^2+(y-1)^2=1$, $(x-5)^2+(y-5)^2=25$

146. P(−1, −1), Pと直線 l との距離 $\frac{1}{\sqrt{5}}$,

弦の長さ $\frac{6}{\sqrt{5}}$

147. (1) $m=\frac{3\pm2\sqrt{6}}{5}$　(2) $m=\frac{3\pm\sqrt{21}}{6}$

148. (1) $3x-4y+12=0$

(2) 中心(2, 1), 半径1　(3) $\frac{19}{2}$

149. (1) $k=0$, $x-2y+5=0$

(2) $k=-\frac{1}{3}$　(3) (−1, 2), (3, 4)

▶ (1) ①が直線を表すのは, 2次の項 kx^2 の係数 k が0のときである.

(2) ①が放物線を表し, 直線 $y=2$ に接するのは, $k\neq0$ であり, ①に $y=2$ を代入して得られる x の2次方程式

$kx^2-(k+1)x-2k-1=0$ が重解をもつときである.

(3) ①が定点 (p, q) を通るとして, $x=p$, $y=q$ を代入した式を k について整理すると,

$(p^2-p-2q+2)k+(-p+2q-5)=0$

これが k の恒等式となればよいから, p, q を求めると,

$(p, q)=(-1, 2), (3, 4)$

したがって, ①は k の値によらず2定点を通る.

150. (1) (3, 1)　(2) $\left(\frac{14}{3}, \frac{28}{3}\right)$

▶ $y=2x$ を直線 l とする.

(2) A, Bは l に関して同じ側(上側)にあるから, P, Bは l に関して反対側にある.

QA＝QPより,

QA＋QB＝QP＋QB ≧ PB

(等号はQが2直線 l, PBの交点のとき)であるから, 求める点Qは l とPBの交点である.

151. l の方程式 $4x-3y+8=0$

$\mathrm{P}\left(-\frac{4}{5},\ \frac{8}{5}\right)$, $\mathrm{P}'\left(\frac{2}{5},\ \frac{16}{5}\right)$

▶円 O の方程式は, $x^2+(y-1)^2=1$

円 O′ の方程式は, $(x-2)^2+(y-2)^2=4$

円 O, O′ の中心をそれぞれ M, M′, 半径を r, r' とすると, $\mathrm{MM'}=\sqrt{5}$ より,

$|r-r'|<\mathrm{MM'}<r+r'$

であるから, 2円は2点で交わる.

したがって, 2円に接する直線は共通外接線で2本あり, 1つは x 軸である.

2本の共通外接線の交点を A とすると,

$\frac{\mathrm{AM}}{\mathrm{AM'}}=\frac{r}{r'}=\frac{1}{2}$

よって, A は MM′ を 1:2 に外分する点であるから A(−2, 0) である.

これより, l の傾きを m とすると, l の方程式は, $y-0=m(x+2)$ より, $mx-y+2m=0$ とおける. l は円 O と接するから, $\frac{|m\cdot 0-1+2m|}{\sqrt{m^2+(-1)^2}}=1$ より, m を求める.

また, P は, M を通って l に垂直な直線の方程式を求め, その直線と l との交点を求めればよい.

152. (1) $\left(\frac{t^2+3}{2t},\ 2\right)$

(2) $(x-\sqrt{3})^2+(y-2)^2=4$ (3) $(\sqrt{3},\ 0)$

▶(3) 三角形 ABP について, 外接円の半径を R とすると, 正弦定理より,

$\frac{\mathrm{AB}}{\sin\angle\mathrm{APB}}=2R$

すなわち, $\sin\angle\mathrm{APB}=\frac{1}{R}$

∠APB は鋭角だから, ∠APB が最大となるのは, sin∠APB が最大のとき, すなわち, R が最小のとき.

153. (1) $(x-\sqrt{3})^2+(y-3)^2=9$

(2) 中心 $\left(\frac{3}{4}\sqrt{3},\ \frac{9}{4}\right)$, 半径 $\frac{3}{2}\sqrt{3}$

(3) $3+2\sqrt{3}$

▶(1) 円 C_2 は半円 C_1 を含む円と線対称であるから, 半径は C_1 と同じく 3 である. また, C_2 は x 軸と点 R$(\sqrt{3},0)$ で接し, $y\geqq 0$ より, 中心は $(\sqrt{3},\ 3)$ である.

(2) P, Q は C_1, C_2 の交点であるから, P, Q を通る (C_2 以外の) 円は,

x^2+y^2-9
$+m\{(x-\sqrt{3})^2+(y-3)^2-9\}=0$ ……①

と表せる. ①が原点 O を通るとき,

0^2+0^2-9
$+m\{(0-\sqrt{3})^2+(0-3)^2-9\}=0$

より, $m=3$ これを①に代入する.

(3) C_2, C_3 の中心をそれぞれ $\mathrm{M_2}$, $\mathrm{M_3}$, 半径をそれぞれ r_2, r_3 とおくと,

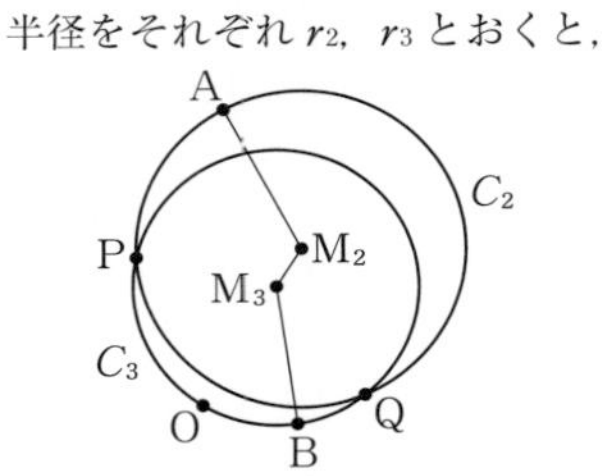

$\mathrm{AB}\leqq\mathrm{AM_2}+\mathrm{M_2M_3}+\mathrm{M_3B}$
$=r_2+\mathrm{M_2M_3}+r_3$

154. (1) (2, 0), $(-1,\ \sqrt{3})$

(2) $\frac{4}{3}\pi-\sqrt{3}$

155. 円 $(x-4)^2+(y-2)^2=20$

156. (1) 下図の灰色の部分で, 境界を含む.

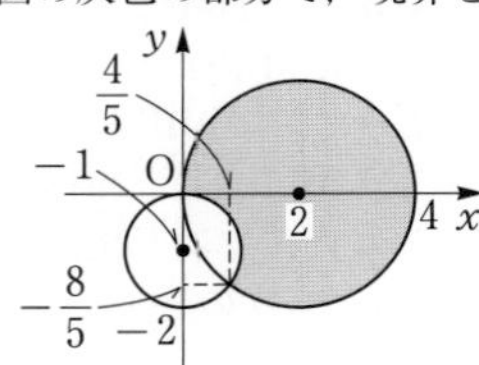

(2) $-\frac{4}{5}\leqq k\leqq 2+2\sqrt{2}$

157. (1) $(5-k,\ -k^2+6k-9)$

(2) 放物線 $y=-(x-2)^2$ の $x\leqq 5$ の部分

▶(2) 頂点を $(X,\ Y)$ とおくと, X, Y, k の満たすべき条件は,

$$\begin{cases} X=5-k \\ Y=-k^2+6k-9 \\ k\geqq 0 \end{cases}$$

158. 円 $(x-3)^2+(y-2)^2=\frac{4}{9}$

159. (1) 最大値 $\dfrac{41}{9}$ $\left(x=\dfrac{5}{3},\ y=\dfrac{4}{3}\right)$

最小値 $\dfrac{1}{2}$ $\left(x=\dfrac{1}{2},\ y=\dfrac{1}{2}\right)$

(2) 最大値 $\dfrac{5}{9}$ $\left(x=\dfrac{1}{3},\ y=\dfrac{2}{3}\right)$

最小値 $-\dfrac{13}{9}$ $\left(x=\dfrac{5}{3},\ y=\dfrac{4}{3}\right)$

▶ 領域 D の境界線は,

$x-2y+1=0$ ……①

$2x-y-2=0$ ……②

$x+y-1=0$ ……③

領域 D は下図の灰色の部分(境界を含む).

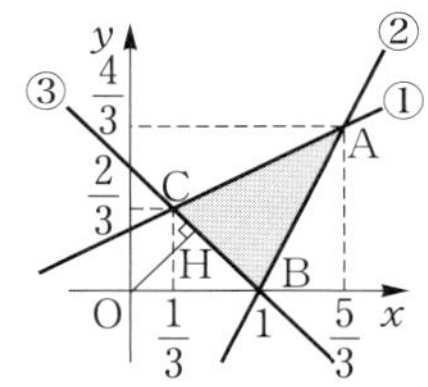

(1) 原点 O と D 上の点 P$(x,\ y)$ に対し, $x^2+y^2=\mathrm{OP}^2$ である.

O から③に下ろした垂線の足を H とすると, H は③と $y=x$ の交点であり, P＝H のとき OP^2 は最小となる. また, P＝A のとき OP^2 は最大となる.

(2) $y-x^2=k$ とおくと, $y=x^2+k$ …④

④が D と共有点をもつような k の最大値, 最小値を考える. ④が C を通るとき, k は最大となり, ④が A を通るとき, k は最小となる.

160. (1) $m<2$, $m>6$

$\alpha+\beta=m$, $\alpha\beta=2m-3$

(2) 放物線 $y=2(x-1)^2+1$ の $x<1$, $x>3$ の部分, 図は下図の実線部分.

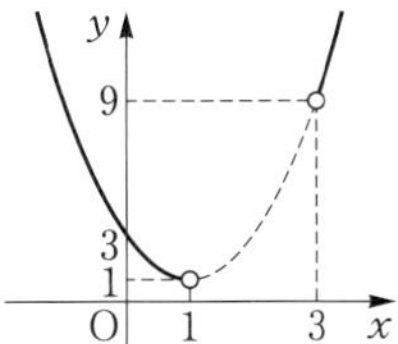

▶(2) S$(X,\ Y)$ とおくと, $X=\dfrac{\alpha+\beta}{2}$,

$Y=\dfrac{\alpha^2+\beta^2}{2}=\dfrac{(\alpha+\beta)^2-2\alpha\beta}{2}$ より,

$$\begin{cases} X=\dfrac{m}{2} & \cdots\cdots② \\ Y=\dfrac{m^2}{2}-2m+3 & \cdots\cdots③ \\ m<2,\ m>6 & \cdots\cdots④ \end{cases}$$

②より, $m=2X$

これを③, ④に代入して, X, Y の満たす関係式を求める.

161. (1) $b=\dfrac{a^2}{2}+2$

(2) 不等式 $y\leqq x^2+1$ で表される領域. 図は下図の灰色の部分で, 境界を含む.

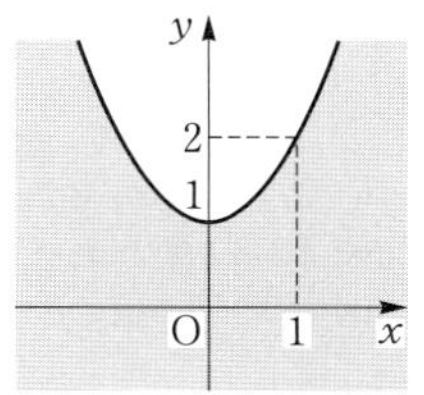

▶(1) x_1, x_2 は, A, B の方程式から y を消去して得られる 2 次方程式

$2x^2-2ax+(a^2-b)=0$ ……①

の 2 つの異なる実数解である. ①の判別式を D とすると, ($D>0$ のとき)

$$x_1-x_2=\frac{a+\sqrt{\dfrac{D}{4}}}{2}-\frac{a-\sqrt{\dfrac{D}{4}}}{2}$$

$$=\sqrt{\frac{D}{4}}=\sqrt{2b-a^2}$$

であるから, $2b-a^2=2^2$

(2) P$(x_1,\ x_1{}^2)$, Q$(x_2,\ x_2{}^2)$ と表せる. 直線 PQ はこの 2 点を通る直線であり, $y=(x_1+x_2)x-x_1x_2$ ……②と表せる. さらに, x_1, x_2 は①の 2 解であるから, 解と係数の関係より, ②は, $y=ax-\dfrac{a^2}{4}+1$ と表せる.

点$(X,\ Y)$が直線 PQ の通過領域に含まれる条件は, ある実数 a に対し, 直線 PQ が点$(X,\ Y)$を通ること. すなわち, $Y=aX-\dfrac{a^2}{4}+1$ が成り立つことである.

この式を a について整理すると,

$a^2-4Xa+4(Y-1)=0$ ……③

であるから, $(X,\ Y)$の満たすべき条件は, ③が a の 2 次方程式として実数解をもつことである.

162. 円 $(x-1)^2+y^2=2$ から点 $(0,\ 1)$ を除いたもの

▶ 交点を $(X,\ Y)$ とおく．X，Y の満たすべき条件は，

$$\begin{cases}(k+1)X+(1-k)Y+k-1=0\\ kX+Y+1=0\end{cases}$$

を満たす実数 k が存在すること．

163. $\sin\theta=\dfrac{2}{\sqrt{5}}$，$\cos\theta=-\dfrac{1}{\sqrt{5}}$

164. (1) 4　(2) 60°

165. $AB=\sqrt{2}$，△ABC の面積 $\dfrac{\sqrt{3}-1}{2}$

166. (1) $\sqrt{2}:2:(\sqrt{3}+1)$　(2) 30°

▶(1) 正弦定理より，

$a:b:c=\sin A:\sin B:\sin C$

(2) (1)より，$a=\sqrt{2}k$，$b=2k$，$c=(\sqrt{3}+1)k$ とおき，余弦定理を利用する．（$k>0$，k は実数）

167. (1) $\theta=120°$　(2) $\dfrac{5\sqrt{3}}{14}$

(3) $\dfrac{15}{8}$　(4) $\dfrac{3}{8}\sqrt{3}$

168. (1) CA＝CB の二等辺三角形

(2) CA＝CB の二等辺三角形，または AB を斜辺とする直角三角形

▶(1) 正弦定理を利用する．

(2) 余弦定理を利用する．

169. (1) $\cos\angle BAD=\dfrac{3}{4}$，$AC=2\sqrt{2}$，$BD=\sqrt{2}$

(2) $\dfrac{\sqrt{7}}{2}$

▶(1) $BD=x$，$\angle BAD=\theta$ とおく．

△ABD，△ACD に余弦定理を用いる．

170. (1) $BD=\sqrt{10}$，$\angle DAB=135°$　(2) 7

(3) 1：6

▶(1) $BD=x$，$\angle DAB=\theta$ とおく．

△DAB，△BCD に余弦定理を用いる．

(3) △DAB：△BCD＝AE：EC

171. DE の最小値 $2\sqrt{2}$，$AD=AE=\sqrt{14}$

▶ $\angle A=\theta$，$AD=x$，$AE=y$ とおく．

△ADE に余弦定理を用いて，

$DE^2=x^2+y^2-2xy\cos\theta$ ……①

また，△ABC に余弦定理を用いて，

$\cos\theta=\dfrac{6^2+7^2-5^2}{2\cdot6\cdot7}=\dfrac{5}{7}$ ……②

$\triangle ADE=\dfrac{1}{3}\triangle ABC$ より，

$\triangle ADE=\dfrac{1}{2}xy\sin\theta=\dfrac{1}{3}\cdot\dfrac{1}{2}\cdot6\cdot7\sin\theta$

これより，$xy=14$ ……③

①，②，③より，$DE^2=x^2+y^2-20$ となる．ここで，相加平均と相乗平均の大小関係から，$x^2+y^2\geqq2xy=28$ が成り立つことを利用する．

172. (1) $\dfrac{3}{\sqrt{5}}$　(2) $\dfrac{1}{\sqrt{10}}$

▶(1) $CD=x$ とおく．条件より，

$AC=\sqrt{3}x$，$EC=x$，$BC=\dfrac{x}{\sqrt{3}}$

と表せる．底面 ABC において，

$\angle A=\alpha$ として，△ACE，△ACB に余弦定理を用いて，

$$\begin{cases}x^2=1+3x^2-2\sqrt{3}x\cos\alpha\\ \dfrac{x^2}{3}=9+3x^2-2\cdot3\sqrt{3}x\cos\alpha\end{cases}\quad\cdots\cdots(*)$$

(2) (1)の(*)より，$\cos\alpha=\dfrac{23}{6\sqrt{15}}$

△ACF に余弦定理を用いて CF の長さを求めると，$CF=\dfrac{1}{\sqrt{5}}$

さらに，△DFC において，

$\cos\theta=\dfrac{FC}{DF}$ より，$\cos\theta$ を求める．

173. (1) $x=\dfrac{2}{3}\pi$，$\dfrac{4}{3}\pi$

(2) $\theta=\pm\dfrac{1}{2}\pi$，$\pm\dfrac{2}{3}\pi$

174. (1) $\dfrac{\pi}{3}<\theta<\dfrac{5}{3}\pi$　(2) $\dfrac{\pi}{6}<\theta<\dfrac{3}{2}\pi$

175. (1) $-\dfrac{4}{3}$　(2) $-\dfrac{\sqrt{7}}{4}$

176. 最大値 2，最小値 -1

177. $0\leqq x\leqq\dfrac{\pi}{4}$，$\dfrac{3}{4}\pi\leqq x\leqq\pi$，

$\dfrac{5}{4}\pi\leqq x\leqq\dfrac{7}{4}\pi$

▶ $\sin3x=3\sin x-4\sin^3x$ を利用する．

178. $0\leqq PQ^2+QR^2\leqq\dfrac{25}{4}$

▶ A(1，0) とおくと，PQ＝AP，QR＝AQ である．PQ^2+QR^2 を $\cos\theta$ の関数で表す．

$PQ^2+QR^2=AP^2+AQ^2$

$=-4\cos^2\theta-2\cos\theta+6$

$=-4\left(\cos\theta+\dfrac{1}{4}\right)^2+\dfrac{25}{4}$ ……①

$-1 \leqq \cos\theta \leqq 1$ の範囲で①の最大値，最小値を求めればよい．

179. $\alpha=\dfrac{\pi}{3}$，$\beta=\dfrac{5}{6}\pi$

▶ $\begin{cases} \sin\alpha+\sqrt{3}\sin\beta=\sqrt{3} & \cdots\cdots① \\ \cos\alpha+\sqrt{3}\cos\beta=-1 & \cdots\cdots② \end{cases}$

まず，①，②から β のみの式を導くと，

$3(1-\sin\beta)^2+(-1-\sqrt{3}\cos\beta)^2=1$

整理して，$\cos\beta+\sqrt{3}=\sqrt{3}\sin\beta$

両辺を2乗して整理すると，

$4\cos^2\beta+2\sqrt{3}\cos\beta=0$

$\cos\beta=0$，$-\dfrac{\sqrt{3}}{2}$ より，$\beta=\dfrac{\pi}{2}$，$\dfrac{5}{6}\pi$

それぞれの β の値を①，②に代入して α の値を求める．

180. $1-\sqrt{3}<a<3$

▶ $\sin x=t$ とおく．$-1 \leqq t \leqq 1$ であり，問題の不等式を t の不等式で表すと，$-2t^2+2at-a-1<0$ となる．この左辺を $f(t)$ とおく．

$-1 \leqq t \leqq 1$ において，つねに $f(t)<0$ となる条件を求めればよい．

181. $a<\dfrac{1}{2}$，$5<a$ のとき0個，$a=5$ のとき1個，$a=\dfrac{1}{2}$，$1<a<5$ のとき2個，$a=1$ のとき3個，$\dfrac{1}{2}<a<1$ のとき4個

▶ $\cos x=t$ とおく．$-1 \leqq t \leqq 1$ であり，問題の方程式を t の方程式で表すと，

$2t^2-2t+1=a$ $\cdots\cdots(*)$ となる．

$(*)$ の実数解は，放物線 $y=2t^2-2t+1$ $(-1 \leqq t \leqq 1)$ と直線 $y=a$ の共有点の t 座標である．グラフを描いて考える．ただし，t の値に対応して定まる x は，$t=\pm1$ に対して1つ，$-1<t<1$ に対して2つ存在し，それ以外の t については x は対応しない．

182. (1) $x=\dfrac{5}{12}\pi$，$\dfrac{23}{12}\pi$

(2) $0 \leqq x<\dfrac{\pi}{2}$，$\pi<x<2\pi$

183. $\theta=\dfrac{\pi}{4}$

184. (1) 最大値5，最小値 -5

(2) 最大値5，最小値 -4

(3) 最大値5，最小値3

▶ $f(\theta)=5\sin(\theta+\alpha)$ と合成できる．

ただし，$\cos\alpha=\dfrac{3}{5}$，$\sin\alpha=\dfrac{4}{5}$

185. $y=2x-15$，$y=-\dfrac{1}{2}x+\dfrac{15}{2}$

186. (1) $-1 \leqq t \leqq \sqrt{2}$

(2) $-2\sqrt{2}-1 \leqq y \leqq \dfrac{7}{2}$

▶(2) $t^2=1-2\sin x\cos x=1-\sin 2x$

であるから，$\sin 2x=1-t^2$

よって，

$y=2(1-t^2)-2t+1$

$=-2\left(t+\dfrac{1}{2}\right)^2+\dfrac{7}{2}$ $\cdots\cdots①$

$-1 \leqq t \leqq \sqrt{2}$ の範囲で，①の最大値，最小値を求める．

187. 最大値 $3+2\sqrt{2}$，最小値 $3-2\sqrt{2}$

▶ $y=4\sin x\cos x+3+2(\cos^2 x-\sin^2 x)$

$=3+2\sin 2x+2\cos 2x$

$=3+2\sqrt{2}\sin\left(2x+\dfrac{\pi}{4}\right)$ と変形する．

また，$-1 \leqq \sin\left(2x+\dfrac{\pi}{4}\right) \leqq 1$ である．

188. $\alpha=-\dfrac{\pi}{6}$，$\beta=\dfrac{\pi}{6}$

▶加法定理を用いて等式を変形すると，

$(\cos\alpha+\cos\beta)\sin x+(\sin\alpha+\sin\beta)\cos x$

$=\sqrt{3}\sin x$ $\cdots\cdots(*)$ となる．

$x=0$，$\dfrac{\pi}{2}$ のとき $(*)$ が成り立つから，

$\sin\alpha+\sin\beta=0$ $\cdots\cdots①$

$\cos\alpha+\cos\beta=\sqrt{3}$ $\cdots\cdots②$

①より，$\sin\beta=-\sin\alpha$

②より，$\cos\beta=\sqrt{3}-\cos\alpha$

よって，$(-\sin\alpha)^2+(\sqrt{3}-\cos\alpha)^2=1$

これより，$\cos\alpha=\dfrac{\sqrt{3}}{2}$　$\alpha=\pm\dfrac{\pi}{6}$

これを①，②に代入して β を求める．

189. (1) $\mathrm{OS}=\cos\theta-\sqrt{3}\sin\theta$

(2) $\theta=\dfrac{\pi}{12}$，最大値 $2-\sqrt{3}$

▶(1) 線分PQの中点をM，2つの線分OM，RSの交点をNとする．

OM ⊥ PQ より，MN//PS であり，N は線分RSの中点．よって，三角形ORS において OR＝OS であり，三角形ORS は正三角形である．

よって，

$$OS=RS=2MP=2\sin\left(\frac{\pi}{6}-\theta\right)$$

(2) PS の長さを θ で表して，さらに，(1)の結果から面積を θ の関数で表す．P から OA へ下ろした垂線の長さは，$OP\sin\theta=\sin\theta$ であるから，

$$PS=\sin\theta\cdot\frac{1}{\sin\frac{\pi}{6}}=2\sin\theta$$

よって，長方形 PQRS の面積は，

$$2\sin\theta(\cos\theta-\sqrt{3}\sin\theta)$$
$$=\sin 2\theta-\sqrt{3}(1-\cos 2\theta)$$
$$=-\sqrt{3}+2\sin\left(2\theta+\frac{\pi}{3}\right)$$

190. $\frac{\pi}{4}$

▶ 直線 AP の傾きを $\tan\alpha$，直線 BP の傾きを $\tan\beta$ とおく．ただし，

$$-\frac{\pi}{2}<\beta<\alpha<\frac{\pi}{4}$$

$$\tan\alpha=\frac{x-1}{x},\quad \tan\beta=\frac{x-2}{x}$$

$\angle APB=\theta$ とすると，$\theta=\alpha-\beta$ であり，

$$\tan\theta=\tan(\alpha-\beta)=\frac{\tan\alpha-\tan\beta}{1+\tan\alpha\tan\beta}$$
$$=\frac{x}{2x^2-3x+2}$$
$$=\frac{1}{2\left(x+\frac{1}{x}\right)-3}$$

ここで，$x>0$ より，相加平均と相乗平均の関係から，(分母) $\geqq 2\cdot2-3=1$

191. (2) $\frac{-1+\sqrt{5}}{4}$ (3) $\frac{1}{2}\sqrt{10+2\sqrt{5}}$

▶(1) $\alpha=\frac{2}{5}\pi$ より，$3\alpha=2\pi-2\alpha$ だから，

$$\sin 3\alpha+\sin 2\alpha=-\sin 2\alpha+\sin 2\alpha=0$$

(2) $\sin 3\alpha=3\sin\alpha-4\sin^3\alpha$ ……①

$\sin 2\alpha=2\sin\alpha\cos\alpha$ ……②

①と②の辺々加えて，(1)を利用する．

(3) 円の中心を O，線分 AC の中点を M とする．

$$AC=2AM=2\sin\alpha=2\sqrt{1-\cos^2\alpha}$$

より，(2)を利用する．

192. (1) $x=0,\ \frac{1}{2}$ (2) $x=3,\ \frac{-1+\sqrt{17}}{2}$

193. $2^x+2^{-x}=4$，$x=\log_2(2\pm\sqrt{3})$

194. 44

195. (1) $(x,\ y)=(10\sqrt{10},\ 10\sqrt{10})$ のとき最大値 $\frac{9}{4}$

$(x,\ y)=(10,\ 100),\ (100,\ 10)$ のとき最小値 2

(2) $(x,\ y)=(10,\ 100)$ のとき最大値 2

$(x,\ y)=(100,\ 10)$ のとき最小値 $\frac{1}{2}$

196. 17 年後

▶ 初めの質量を M とすると，n 年後に初めの質量の半分以下となる条件は，

$$0.96^nM\leqq\frac{1}{2}M$$

つまり，$(2^5\cdot3\cdot10^{-2})^n\leqq\frac{1}{2}$

197. $a>1$ のとき，$x\geqq3$

$0<a<1$ のとき，$-2<x\leqq3$

198. $\log_a\frac{a}{b}<\log_b\frac{b}{a}<\frac{1}{2}<\log_b a<\log_a b$

▶ $a^2<b<a<1$ より，

$$\log_a a^2>\log_a b>\log_a a>\log_a 1$$

つまり，$(0<)1<\log_a b<2$

また，

$$\log_b a=\frac{\log_a a}{\log_a b}=\frac{1}{\log_a b},$$

$$\log_a\frac{a}{b}=\log_a a-\log_a b=1-\log_a b,$$

$$\log_b\frac{b}{a}=\log_b b-\log_b a=1-\frac{1}{\log_a b}$$

だから，$1<\log_a b<2$ の範囲において，

$$\log_a b,\quad \frac{1}{\log_a b},\quad 1-\log_a b,\quad 1-\frac{1}{\log_a b},$$

$\frac{1}{2}$ の大小を調べればよい．

199. ▶ $\left(\frac{3}{4}\right)^a=\left(\frac{5}{3}\right)^b=\left(\frac{6}{5}\right)^c=\left(\frac{3}{2}\right)^d=10^k$

とおいて，常用対数をとる．$a,\ b,\ c,\ d$ を，k と常用対数を用いて表して，等式の左辺，右辺をそれぞれ計算して成り立つことを示す．

200. 5^{105} の桁数 74 桁，5^{105} の最高位の数字 2，$\left(\frac{1}{5}\right)^{105}$ は小数第 74 位に初めて 0 でない数が現れる．

▶ $A=5^{105}$，$B=\left(\frac{1}{5}\right)^{105}$ とおく．

$$\log_{10}A=105\log_{10}5=105\log_{10}\frac{10}{2}$$
$$=73.395$$

より，$10^{73} < A < 10^{74}$ を満たす．
また，$A = 10^{0.395} \cdot 10^{73}$ より，最高位の数字は $10^{0.395}$ の1の位の数字である．
$\log_{10} 2 < 0.395 < \log_{10} 3$ を利用する．
同様に，$\log_{10} B = -73.395$ より，
$10^{-74} < B < 10^{-73}$ を満たす．

201. $a \geqq 1$ のとき $-4a^2$，$a < 1$ のとき $4-8a$

▶ $t = 2^x + 2^{-x}$ とおくと，

$f(x) = 4^x + 4^{-x} - 4a(2^x + 2^{-x}) + 2$
$= (t^2 - 2) - 4at + 2$
$= (t - 2a)^2 - 4a^2$ ……①

$2^x > 0$，$2^{-x} > 0$ より相加平均と相乗平均の大小関係から，
$2^x + 2^{-x} \geqq 2\sqrt{2^x \cdot 2^{-x}} = 2$
よって，$t \geqq 2$ ……②
②の範囲で①の最小値を求める．

202. 下図の網掛け部分で，境界は含まない．

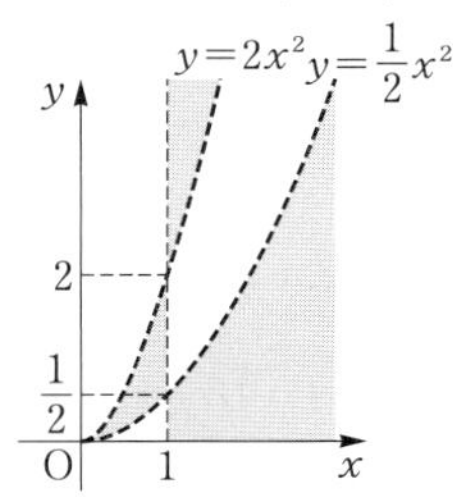

▶ 底および真数条件より，
$x > 0$，$x \neq 1$，$y > 0$ ……①
不等式の底を2にそろえて，
$X = \log_2 x$，$Y = \log_2 y$ とおくと，
$\frac{1}{X} - \frac{Y^2}{X} < 4(X - Y)$ より，
$\frac{(2X-Y+1)(2X-Y-1)}{X} > 0$ となる．
$X > 0$ と $X < 0$ のときで場合分けする．

203. $\log_2 x = \log_3 y = \log_4 z = \log_5 w = k$ とおくと
$k > 0$ のとき，$w^{\frac{1}{5}} < x^{\frac{1}{2}} = z^{\frac{1}{4}} < y^{\frac{1}{3}}$
$k = 0$ のとき，$x^{\frac{1}{2}} = y^{\frac{1}{3}} = z^{\frac{1}{4}} = w^{\frac{1}{5}}$
$k < 0$ のとき，$y^{\frac{1}{3}} < x^{\frac{1}{2}} = z^{\frac{1}{4}} < w^{\frac{1}{5}}$

▶ $\log_2 x = \log_3 y = \log_4 z = \log_5 w = k$ とおく．
$x = 2^k$，$y = 3^k$，$z = 4^k$，$w = 5^k$ より，
$x^{\frac{1}{2}} = \left(2^{\frac{1}{2}}\right)^k$，　$y^{\frac{1}{3}} = \left(3^{\frac{1}{3}}\right)^k$，　$z^{\frac{1}{4}} = \left(2^{\frac{1}{2}}\right)^k$，
$w^{\frac{1}{5}} = \left(5^{\frac{1}{5}}\right)^k$
また，
$\left(2^{\frac{1}{2}}\right)^6 = 8$，$\left(3^{\frac{1}{3}}\right)^6 = 9$ より，$2^{\frac{1}{2}} < 3^{\frac{1}{3}}$
$\left(5^{\frac{1}{5}}\right)^{10} = 25$，$\left(2^{\frac{1}{2}}\right)^{10} = 32$ より，$5^{\frac{1}{5}} < 2^{\frac{1}{2}}$
であるから，$5^{\frac{1}{5}} < 2^{\frac{1}{2}} < 3^{\frac{1}{3}}$

204. (1)　　(2)

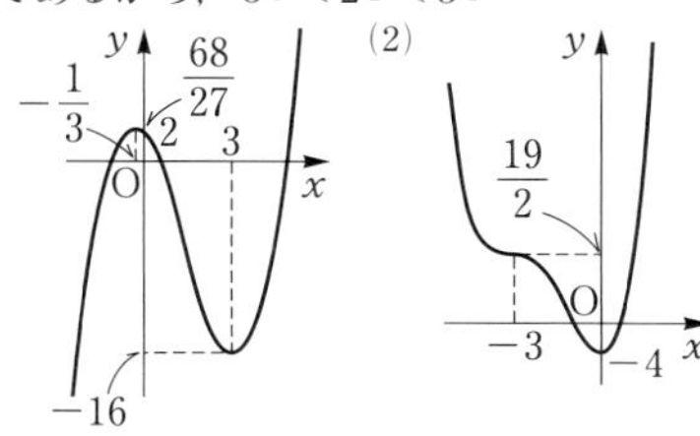

205. (1)　$y = -2$
(2)　$y = 24x - 54$，$y = 24x + 54$
(3)　$y = -2$，$y = -\frac{9}{4}x + \frac{1}{4}$

206. (1)　$a = 1$，$b = -2$，$c = 1$，$d = 1$
(2)　極大値 $\frac{31}{27}$，極小値 1

207. (1)　$y = x - 3$　　(2)　$(2,\ -1)$

▶(2)　C と l の共有点において，
$x^3 - 2x - 5 = x - 3$ ……①
①は，$x = -1$ を重解にもち，
$(x+1)^2(x-2) = 0$ と変形される．

208. (1)　$y = -\frac{1}{2p}x + p^2 + \frac{1}{2}$
(2)　$y = -\frac{1}{2}x + \frac{3}{2}$

209. $a = \frac{4}{27}$

▶ C_1 上の点 $(t,\ at^3)$ における接線は，
$y = 3at^2x - 2at^3$ ……①
①が C_2 と接する条件は，①と C_2 の式から y を消去して得られる方程式
$x^2 - (2 + 3at^2)x + (1 + 2at^3) = 0$ ……②
が重解をもつことである．
②の判別式 $D = 0$ より，
$at^2(9at^2 - 8t + 12) = 0$
$t = 0$ のとき，②の重解は $x = 1$ で，①は x 軸を表す．
よって，$9at^2 - 8t + 12 = 0$ ……③
が，$t \neq 0$ を満たす解をただ1つもてばよい．この条件は，③の判別式 $D_1 = 0$

210. $-\dfrac{3}{4}<a<0$，$0<a$

▶ $f'(x)=4x(x^2+3x-3a)$

$f(x)$ が極大値をもつのは，$f'(x)$ がある x の値の前後で正から負に符号を変えることである．

方程式 $x^2+3x-3a=0$ が異なる 2 つの実数解をもち，0 が解でない条件を求めればよい．

211. $a\leqq\dfrac{3-\sqrt{5}}{2}$，$3\leqq a$

▶ $f'(x)=3(x-a)^2+3(a-3)$

$f(x)$ が $x>2$ で極値をもたない条件は，$f'(x)$ が $x>2$ で正から負，負から正の符号変化をしないこと，つまり，$f'(x)$ の $x\geqq2$ における最小値が 0 以上であることである．

$a\geqq2$ と $a<2$ のときで場合分けする．

212. (1) 4　(2) $a=-6$，$b=9$，$c=1$

▶(2)　$f'(x)=3x^2+2ax+b$

$f'(x)=0$ の 2 解が α，β だから，

(1)より，$\alpha+\beta=-\dfrac{2}{3}a=4$，$a=-6$

ここで，$f'(\alpha)=f'(\beta)=0$ を利用するために，

$f(x)=x^3-6x^2+bx+c$ を $\dfrac{1}{3}f'(x)$ で割ると，

$$f(x)=\frac{1}{3}f'(x)\cdot(x-2)+\left(\frac{2}{3}b-8\right)x+c+\frac{2}{3}b$$

が得られる．これより，

$$f(\alpha)=\left(\frac{2}{3}b-8\right)\alpha+c+\frac{2}{3}b$$

$$f(\beta)=\left(\frac{2}{3}b-8\right)\beta+c+\frac{2}{3}b$$

これは，2 点 $(\alpha,\ f(\alpha))$，$(\beta,\ f(\beta))$ を通る直線が $y=\left(\dfrac{2}{3}b-8\right)x+c+\dfrac{2}{3}b$ であることを意味する．

213. 最大値 15 ($x=-1$)，最小値 −66 ($x=-4$)

214. ▶ $f(x)=x^3-3x+3$ とおくと，

$f'(x)=3x^2-3=3(x+1)(x-1)$

$x\geqq0$ における $f(x)$ の増減を調べて，$f(x)$ $(x\geqq0)$ の最小値が正であることをいう．

$x=1$ のとき最小値 1 より，$f(x)\geqq1$ である．

215.

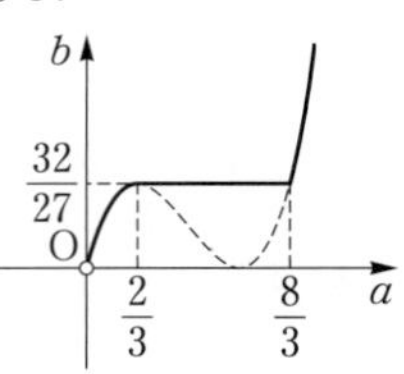

▶ $f(x)=x^3-4x^2+4x$ とおくと，

$f'(x)=3x^2-8x+4=(3x-2)(x-2)$

$x\geqq0$ における $f(x)$ の増減は次のようになる．

x	0	$\cdots$	$\dfrac{2}{3}$	$\cdots$	2	$\cdots$
$f'(x)$		$+$	0	$-$	0	$+$
$f(x)$	0	↗	$\dfrac{32}{27}$	↘	0	↗

ここで，$f(x)=\dfrac{32}{27}$ となる x を求めると，

$x=\dfrac{2}{3}$，$\dfrac{8}{3}$

以上より，

$$M(a)=\begin{cases}f(a)\ \left(0<a<\dfrac{2}{3},\ \dfrac{8}{3}<a\right)\\[2mm] \dfrac{32}{27}\ \left(\dfrac{2}{3}\leqq a\leqq\dfrac{8}{3}\right)\end{cases}$$

216. $V=4x^3-130x^2+1000x$，$x=5$

▶ $V=x(40-2x)(25-2x)$

$=4x^3-130x^2+1000x$ より，

$\dfrac{dV}{dx}=4(x-5)(3x-50)$

ここで，$x>0$，$40-2x>0$，

$25-2x>0$ より，$0<x<\dfrac{25}{2}$　……①

①の範囲における V の増減を調べる．

217. $0\leqq a\leqq\dfrac{1}{4}$

▶ $f(x)$ の $0\leqq x\leqq1$ における最小値 m が 0 以上となる条件を求めればよい．

218. $-\dfrac{1}{2}\leqq a\leqq\dfrac{1}{2}$

▶ $f(x)=3x^4-4ax^3-6x^2+12ax+7$ とおく．

$f'(x)=12(x+1)(x-1)(x-a)$

$f(x)$ の最小値が 0 以上となる条件を求めればよい．

219. (1) 極小値$(a\sqrt{a}-b\sqrt{b})^2$ $(x=\sqrt{ab})$

▶(2) $x=\sqrt[3]{p}$，$a=\sqrt[3]{q}$，$b=\sqrt[3]{r}$ とすると，$\dfrac{p+q+r}{3}-\sqrt[3]{pqr}=\dfrac{1}{3}f(x)$ となるから，$f(x)\geqq 0$ を示せばよい．

220. (1) $f(x)=-t^3+\dfrac{3}{2}t^2+\dfrac{1}{2}$

(2) 最大値 $\dfrac{7}{2}+2\sqrt{2}$，最小値 $\dfrac{1}{2}$

▶(2) $t=\sqrt{2}\sin\left(x+\dfrac{\pi}{4}\right)$ と合成できて，
$-\sqrt{2}\leqq t\leqq\sqrt{2}$ ……①である．
$g(t)=-t^3+\dfrac{3}{2}t^2+\dfrac{1}{2}$ とおくと，
$g'(t)=-3t(t-1)$
①における $g(t)$ の最大値，最小値を求める．

221. 体積の最大値 $\dfrac{32}{81}\pi a^3$，円錐の高さ $\dfrac{4}{3}a$

▶直円錐の高さを h，底面の半径を r とする．r を h で表し，体積 V を h の関数として表す．
$r^2=a^2-(h-a)^2$
$=-h^2+2ah$ であるから，
$V=\dfrac{1}{3}\pi r^2\cdot h=\dfrac{\pi}{3}(-h^3+2ah^2)$
ただし，$0<h<2a$ ……①
①における V の最大値を求める．

222. $a=-3$，105

▶ $f'(x)=3x^2-6ax=3x(x-2a)$ より，
$x=0$，$2a$ の大小関係および，$x=2$ との位置関係で場合分け．

223. (1) 3

▶(2) $g(x)=x^3-3x^2-1$ とおく．
$g'(x)=3x^2-6x=3x(x-2)$ であり，極大値 $g(0)<0$，極小値 $g(2)<0$ であるから，$g(x)=0$ は $x>2$ の範囲に1つだけ実数解をもつ．
さらに，$g(3)<0$，$g(4)>0$ より，解は $3<x<4$ の範囲にある．

224. (1)

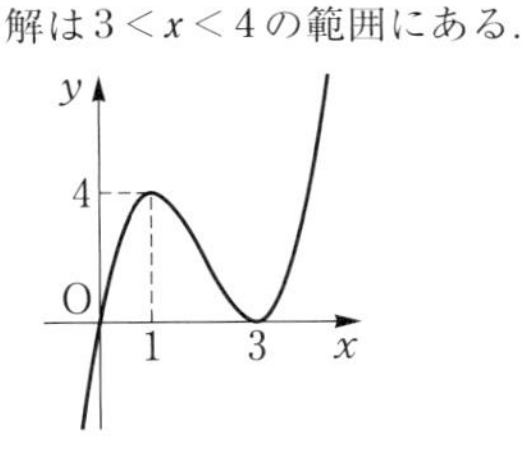

(2) $k<0$，$4<k$ のとき1個，
$k=0$，4のとき2個，
$0<k<4$ のとき3個

225. $a<-\dfrac{\sqrt{6}}{2}$，$\dfrac{\sqrt{6}}{2}<a$

226. (1) $y=(3t^2-3)x-2t^3$

(2) $a<2$，$3<a$

▶(2) (1)の接線が $(-1,\ a)$ を通る条件は，
$a=(3t^2-3)(-1)-2t^3$，
すなわち，$a=-2t^3-3t^2+3$ ……①
①を満たす t がただ1つ存在するような a の範囲を求めればよい．

227. $-\dfrac{16}{3\sqrt{3}}\leqq a\leqq\dfrac{16}{3\sqrt{3}}$，

最大値 $\dfrac{8}{\sqrt{3}}$，最小値4

▶ $f(x)=-x^3+4x$ とおくと，方程式の実数解は，曲線 $y=f(x)$ と直線 $y=a$ の共有点の x 座標である．$y=f(x)$ のグラフは次の図のようになる．$y=a$ のグラフが共有点を3つ（重解も含む）もつような a の範囲を求める．このときの3解について，$\alpha\leqq\beta\leqq\gamma$ とする．また，解と係数の関係より，$\alpha+\beta+\gamma=0$ を利用する．

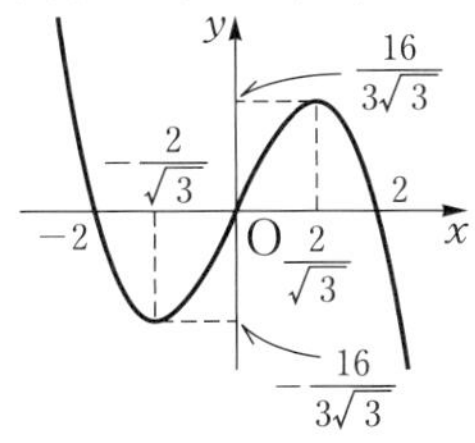

228. (1) $a\leqq 0$ または $|b|>a\sqrt{a}$ のとき1つ，
$a>0$ かつ $|b|=a\sqrt{a}$ のとき2つ，
$a>0$ かつ $|b|<a\sqrt{a}$ のとき3つ．

(2) $a>0$，$b=a\sqrt{a}$ のとき，
$x=-\sqrt{a}$，$2\sqrt{a}$
$a>0$，$b=-a\sqrt{a}$ のとき，
$x=\sqrt{a}$，$-2\sqrt{a}$

▶(2) 異なる2つの実数解をもつとき，$f(x)=0$ は $x=\pm\sqrt{a}$ のいずれかを重解にもつ．

(3) 異なる3つの実数解をもつとき，$a>0$ かつ $|b|<a\sqrt{a}$ である．
$t\geqq 2\sqrt{a}$ となる t に対して，$f(t)>0$ であり，

また，$t \leqq -2\sqrt{a}$ となる t に対して，$f(t)<0$ であることを示すことにより，このような t はいずれも解でないことをいう．

229. (1) $x=\dfrac{3\pm\sqrt{21}}{3}$

(2) $k=0$，整数解 $x=-1$，0，4
$k=12$，整数解 $x=-2$，2，3

▶(2) (1)より，$f(x)=0$ が3つの異なる実数解をもつとき，その実数解の1つは $\dfrac{3-\sqrt{21}}{3}<x<\dfrac{3+\sqrt{21}}{3}$ を満たし，この範囲の整数 x は，$x=0$，1，2に限る．$f(0)=0$，$f(1)=0$，$f(2)=0$ からそれぞれ k の値を求め，さらに，そのとき異なる3つの整数解をもつか調べる．

230. a，b の条件 $(a+b)(-a^3+a+b)<0$
$(a,\ b)$ の存在する領域は下図で，境界を含まない．

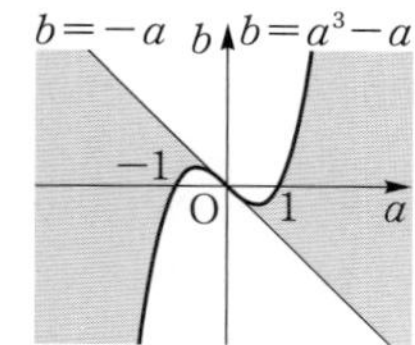

▶曲線 $y=x^3-x$ の点 $(t,\ t^3-t)$ における接線は，
$y=(3t^2-1)x-2t^3$
これが点 $(a,\ b)$ を通る条件は，
$b=(3t^2-1)a-2t^3$
すなわち，$2t^3-3at^2+a+b=0$ ……(＊)
(＊)を満たす異なる3つの実数 t が存在する条件を求めればよい．
$f(t)=2t^3-3at^2+a+b$ とおく．
$f'(t)=6t^2-6at=6t(t-a)$ であり，
$a\neq 0$ のとき，$f(t)$ は $t=0$，a で極値をとり，異なる3つの実数解をもつ条件は，$f(0)f(a)<0$

231. (1) $-\dfrac{33}{2}$ (2) $\dfrac{43}{12}$

232. $f(x)=2x-6$，$a=3$

233. 1

234. $f(x)=-3x^2+x+3$

235. $f(x)=x^2+4x-\dfrac{7}{6}$

▶ $\displaystyle\int_0^1 f(t)dt=k$（定数）とおいて，$k$ の値を求める．

236. (1) $f(a)=-\dfrac{1}{3}a^3+3a$

(2) $f(a)=\dfrac{1}{3}a^3-3a+4\sqrt{3}$

237. (1) $f(a,\ b)=\dfrac{1}{5}+\dfrac{1}{2}a+\dfrac{1}{3}(a^2+2b)+ab+b^2$

(2) 最小値 $\dfrac{1}{180}$，$a=-1$，$b=\dfrac{1}{6}$

▶(2) (1)の結果をさらに変形して，
$f(a,\ b)$
$=\left(b+\dfrac{3a+2}{6}\right)^2+\dfrac{1}{12}(a+1)^2+\dfrac{1}{180}$
の式を導く．よって，$f(a,\ b)\geqq\dfrac{1}{180}$
等号成立は，
$a=-1$，$b=-\dfrac{3a+2}{6}=\dfrac{1}{6}$ のとき．

238. $P(x)=x^3-\dfrac{3}{5}x$

▶ $P(x)=x^3+ax^2+bx+c$ とおく．
$f(x)=px^2+qx+r$ に対して，
$\displaystyle\int_{-1}^1 P(x)f(x)dx=p\int_{-1}^1 x^2P(x)dx+q\int_{-1}^1 xP(x)dx+r\int_{-1}^1 P(x)dx$
であるから，$\displaystyle\int_{-1}^1 x^2P(x)dx$，$\displaystyle\int_{-1}^1 xP(x)dx$，$\displaystyle\int_{-1}^1 P(x)dx$ がいずれも0となる条件を求めればよい．

239. $a=0$，$f(x)=2x+\dfrac{1}{2}$

▶与式に $x=0$ を代入して，
$\displaystyle\int_0^0 f(t)dt+0=0+a$ より，$a=0$
また，与式の両辺を x で微分して，
$\displaystyle f(x)+\int_0^1 f(t)dt=2x+2$
ここで，定数 $\displaystyle\int_0^1 f(t)dt$ を k とおくと，
$f(x)=2x+2-k$
$\displaystyle k=\int_0^1(2t+2-k)dt$ より，k の値を求める．

240. $a=\dfrac{-4+\sqrt{22}}{2}$

▶ $f(x)=(x-a)(x-2a)$ とおく．
x 軸との交点は $x=a$，$2a$ であり，これらと積分区間 $0 \leqq x \leqq 1$ の位置関係で場合分けをして $I(a)$ の絶対値をはずす．

(i) $2a \leqq 1$ すなわち，$0<a \leqq \dfrac{1}{2}$ のとき

$$I(a)=\int_0^a f(x)dx-\int_a^{2a} f(x)dx+\int_{2a}^1 f(x)dx$$
$$=\frac{1}{3}a^3+2a^2-\frac{3}{2}a+\frac{1}{3}$$

(ii) $a \leqq 1$ かつ $1 \leqq 2a$ すなわち，$\dfrac{1}{2} \leqq a \leqq 1$ のとき

$$I(a)=\int_0^a f(x)dx-\int_a^1 f(x)dx$$
$$=\frac{5}{3}a^3-2a^2+\frac{3}{2}a-\frac{1}{3}$$

(iii) $a \geqq 1$ のとき

$$I(a)=\int_0^1 f(x)dx=2a^2-\frac{3}{2}a+\frac{1}{3}$$

それぞれの場合で $I'(a)$ を計算して $I(a)$ 全体の増減を調べる．

241. (1) $\dfrac{32}{3}$ (2) $\dfrac{40}{3}\sqrt{5}$

242. $\dfrac{9}{2}$

243. (2) $\sqrt{3}$

▶(1) $(x-\alpha)(x-\beta)$
$=(x-\alpha)^2-(x-\alpha)^2+(x-\alpha)(x-\beta)$
$=(x-\alpha)^2-(\beta-\alpha)(x-\alpha)$
と変形する．

244. $\dfrac{19}{6}$

245. (1) $y=-x+4$，$y=3x-8$ (2) $\dfrac{2}{3}$

▶(2) 求める面積 S は，

$$S=\int_2^3\{(x^2-5x+8)-(-x+4)\}dx+\int_3^4\{(x^2-5x+8)-(3x-8)\}dx$$
$$=\int_2^3(x-2)^2dx+\int_3^4(x-4)^2dx$$

246. (1) $a=24$ (2) $y=-4x+16$
(3) $\dfrac{625}{6}$

▶ $f(x)=x^3-16x$，$g(x)=-x^3-2x^2+a$ とおく．

(3) $a=24$ のとき，
$f(x)-g(x)=2(x+2)^2(x-3)$
これより，2 曲線 $y=f(x)$，$y=g(x)$ は，$x=-2$，3 で共有点をもち，$-2<x<3$ において，$g(x)>f(x)$ である．よって，求める面積 S は，

$$S=\int_{-2}^3\{g(x)-f(x)\}dx$$

247. $k=3-2\sqrt{2}$

▶ $f(x)=x^2(x+1)$，$g(x)=k^2(x+1)$ とおく．
$f(x)$ と $g(x)$ の共有点の x 座標は，
$x^2(x+1)=k^2(x+1)$，$0 \leqq k \leqq 1$ より，
小さい順に $x=-1$，$-k$，k
面積を S とおくと，

$$S=\int_{-1}^{-k}(x^3+x^2-k^2x-k^2)dx+\int_{-k}^{k}(k^2x+k^2-x^3-x^2)dx$$
$$=-\frac{1}{4}k^4+2k^3-\frac{1}{2}k^2+\frac{1}{12}$$

k の関数 S の増減を考える．

248. (1) $5<m<10$ (2) $5\sqrt[3]{2}$

▶(1) $|x^2-5x|-2x$

$$=\begin{cases} x^2-7x & (x \leqq 0,\ 5 \leqq x)\ (C_1 \text{とする}) \\ -x^2+3x & (0<x<5)\ \ (C_2 \text{とする}) \end{cases}$$

であり，C のグラフは下図のようになる．

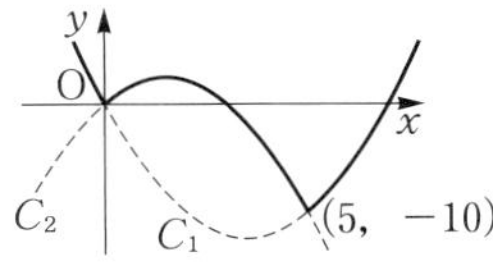

C_1 と l の共有点の x 座標は $x=0$，m，
C_2 と l の共有点の x 座標は $x=0$，$10-m$

(2) 2つの部分の面積が等しくなる条件は，「C_1 と l で囲まれた部分の面積」と「C_1 と C_2 で囲まれた部分の面積」が等しいことである．このとき，

$$\int_0^5(-2x^2+10x)dx=\int_0^m(-x^2+mx)dx$$

249. (2) $S^2=\frac{1}{36}\{(m-2)^2+4\}^3$

(3) $y=2x-3$

▶(1) l: $y=m(x-2)+1$

P と l の式から y を消去した方程式

$x^2-(m+2)x+2m-1=0$ ……(*)

の判別式を D とする.

$D>0$ を示せばよい.

(2) (*)の2解を α, β ($\alpha<\beta$) とおく.

$\alpha=\frac{m+2-\sqrt{D}}{2}$, $\beta=\frac{m+2+\sqrt{D}}{2}$

$S=\int_{\alpha}^{\beta}\{m(x-2)+1-(x^2-2x)\}dx$

$=\int_{\alpha}^{\beta}\{-(x-\alpha)(x-\beta)\}dx$

$=\frac{1}{6}(\beta-\alpha)^3=\frac{1}{6}(\sqrt{D})^3$

250. (1) $b=-2a$ (2) $\frac{27}{4}a^4$ (3) 16

▶(1) l の方程式は,

$y=(3a^2-1)x-2a^3$ となり, C と l の共有点の x 座標は,

$x^3-x=(3a^2-1)x-2a^3$ ……①

の実数解である. $x=a$ は①の重解であり, ①は $(x-a)^2(x+2a)=0$ と変形できる.

(2) $S_1=\int_{-2a}^{a}\{x^3-x-(3a^2-1)x+2a^3\}dx$

(3) m と C の交点を R とする. (1)と同様にして, R の x 座標は $-2b$ となり, (2)と同様にして S_2 を計算する.

251. 初項 2, 公差 3, $\sum_{k=1}^{20}a_k=610$

252. 一般項 $a_n=3\cdot4^{n-1}$

初項から第 n 項までの和 4^n-1

253. (1) 初項 238, 公差 -15 (2) 2008

▶(2) (1)より, $a_n=-15n+253$

$\begin{cases}1\leqq n\leqq16 のとき, a_n>0\\ 17\leqq n のとき, a_n<0\end{cases}$

254. (1) $y=3x-10$, $z=4x-15$

(2) $x=4$, 5

255. (1) 91 (2) 512

(3) 第 32 群の第 4 番目の数

▶奇数の数列 1, 3, 5, ……

の一般項を a_n とすると, $a_n=2n-1$

(1) 第 10 群の最初の項は数列 $\{a_n\}$ の第 46 項である.

(2) 第 8 群の数の和は, 初項 a_{29}, 末項 a_{36}, 項数 8 の等差数列の和である.

(3) $2n-1=999$ とすると, $n=500$

999 は数列 $\{a_n\}$ の第 500 項である. ここで, $1+2+3+\cdots\cdots+31=496$ であり, 第 496 項が第 31 群の最後であることから考える.

256. $S_n=\frac{9}{4}-\frac{1}{2}\left(n+\frac{3}{2}\right)\cdot\left(\frac{1}{3}\right)^{n-1}$

▶求める和を S_n とおく. $S_n-\frac{1}{3}S_n$ を計算して求める.

257. (1) $a=2$, $r=4$ (2) $n=9$

▶(1) $a_1+a_2+a_3=42$ より,

$a(1+r+r^2)=42$ ……①

$a_1a_2a_3=512$ より, $(ar)^3=8^3$

ar は実数であるから,

$ar=8$ ……②

①, ②を連立して解く. ここで, $a_1<a_2$, $a>0$ より, $r>1$ である.

(2) $S_n=\frac{2(4^n-1)}{4-1}=\frac{2}{3}(2^{2n}-1)$

$S_n>10^5$ より, $\frac{2}{3}(2^{2n}-1)>10^5$

$2^{2n}>\frac{3}{2}\cdot10^5+1$ ……③

③を満たす最小の n は,

$2^{2n}>\frac{3}{2}\cdot10^5$ ……④

を満たす最小の n と一致する. ④の両辺の常用対数をとって計算する.

258. (1) $c_1=8$, $c_2=32$, $c_3=128$, $c_4=512$, $c_5=2048$

▶(2) 数列 $\{a_n\}$ の第 i 項が, 数列 $\{b_n\}$ の第 j 項と等しいとき, $2^i=3j+2$ が成り立つ.

このとき, 両辺を 2 倍すると,

$2^{i+1}=6j+4=3(2j+1)+1$

であるから, 2^{i+1} は数列 $\{b_n\}$ の項ではない.

さらに, $2^{i+2}=12j+8=3(4j+2)+2$ であるから, 2^{i+2} は数列 $\{b_n\}$ の項である. これより, 数列 $\{c_n\}$ は初項 8, 公比 4 の等比数列である.

259. $a_n=\frac{(n+2)^2}{4}$ （n が偶数のとき），

$a_n=\frac{(n+1)(n+3)}{4}$ （n が奇数のとき）

▶ n が偶数のときと奇数のときで場合分け．

(i) n が偶数のとき，

$n=2N$ （N は自然数）とおくと，

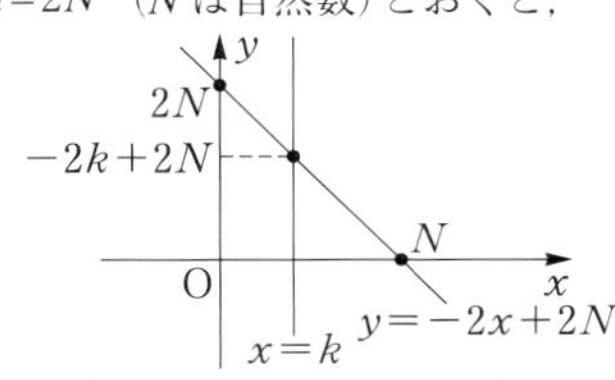

$x=k$ （$k=0,\ 1,\ 2,\ \cdots,\ N$）上の格子点の個数は，$-2k+2N+1$（個）

$a_n=\sum_{k=0}^{N}(-2k+2N+1)=(N+1)^2$

(ii) n が奇数のとき，

$n=2N-1$ （N は自然数）とおくと，

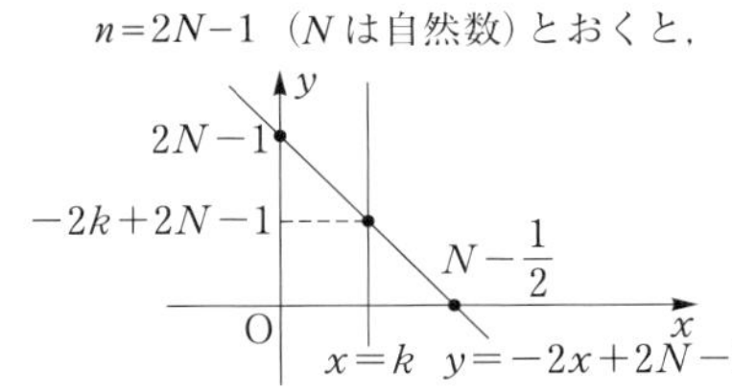

$x=k$ （$k=0,\ 1,\ 2,\ \cdots\cdots,\ N-1$）上の格子点の個数は，$-2k+2N$（個）

$a_n=\sum_{k=0}^{N-1}(-2k+2N)=N(N+1)$

260. (1) $a_{100}=6$

(2) $\sum_{k=1}^{2^m-1}a_k=(m-2)\cdot 2^m+2$

▶(1) $2^6<100<2^7$ より，

$6<\log_2 100<7$

(2) $2^i \leqq k < 2^{i+1}$（$i=0,\ 1,\ 2,\ \cdots\cdots,\ m-1$）のとき，$a_k=i$ であるから，

$\sum_{k=2^i}^{2^{i+1}-1}a_k=\underbrace{i+i+\cdots\cdots+i}_{2^i\text{個}}=i\cdot 2^i$

である．$S=\sum_{k=1}^{2^m-1}a_k$ とおくと，

$S=\sum_{i=0}^{m-1}i\cdot 2^i$

$=1\cdot 2+2\cdot 2^2+3\cdot 2^3+\cdots\cdots+(m-1)\cdot 2^{m-1}$

$S-2S$ を計算して，S を求める．

261. $2\sqrt{n+1}-2$

262. $\frac{1}{6}n(2n^2+9n+25)$

263. $-n(2n+1)$

264. $\frac{1}{6}N(N+1)(N+2)$

265. (1) $a_n=n^2-6n+11$

(2) $b_n=\frac{3}{2}+\frac{1}{2}\left(\frac{1}{3}\right)^{n-3}$

▶(1) $c_1=a_2-a_1=-3$，

$c_2=a_3-a_2=-1$ より，数列 $\{c_n\}$ は初項 -3，公差 2 の等差数列であるから，

$c_n=2n-5$

数列 $\{c_n\}$ は数列 $\{a_n\}$ の階差数列であることから a_n を求める．

(2) $d_1=b_2-b_1=-3$，

$d_2=b_3-b_2=-1$ より，数列 $\{d_n\}$ は初項 -3，公比 $\frac{1}{3}$ の等比数列であるから，$d_n=(-3)\cdot\left(\frac{1}{3}\right)^{n-1}$

266. (1) $a_n=3n^2+9n+6$ (2) $\frac{n}{6(n+2)}$

▶(2) $a_k=3k^2+9k+6=3(k+1)(k+2)$

$\sum_{k=1}^{n}\frac{1}{a_k}=\sum_{k=1}^{n}\frac{1}{3(k+1)(k+2)}$

$=\frac{1}{3}\sum_{k=1}^{n}\left(\frac{1}{k+1}-\frac{1}{k+2}\right)$

267. (1) $a_{2n-1}=6n-5,\ a_{2n}=6n-1$

(2) $m=2n$ (3) $2n(12n^2+1)$

▶(1) 正の整数は，正の整数 n を用いて，

$6n-5,\ 6n-4,\ 6n-3,\ 6n-2,\ 6n-1,\ 6n$

のいずれかの形で表せて，このうち，2 でも 3 でも割り切れない正の整数は，$6n-5,\ 6n-1$（$n=1,\ 2,\ 3,\ \cdots$）の形で表せるものである．

(2) 数列 $\{a_m\}$ は増加数列であり，$a_m \leqq 6n$ となる最大の a_m は，

$a_m=6n-1=a_{2n}$

(3) $\sum_{k=1}^{m}a_k^2=\sum_{k=1}^{2n}a_k^2=\sum_{k=1}^{n}(a_{2k-1}{}^2+a_{2k}{}^2)$

$=\sum_{k=1}^{n}\left\{(6k-5)^2+(6k-1)^2\right\}$

268. (1) $\dfrac{n(n+1)}{2}$

(2) $\dfrac{1}{24}(n-1)n(n+1)(3n+2)$

▶ $(x+1)(x+2)(x+3)\cdots\cdots(x+n)$ ……①

(1) ①の展開式において，x^{n-1} の係数は，1，2，3，…，n の和に等しい．

(2) ①の展開式において，x^{n-2} の係数は1，2，3，…，n の中から，異なる2数を選んで作った積の総和に等しい．

269. $\dfrac{3n^2+9n+4}{4(n+1)(n+2)}$

▶ $S'_n=a_1+2a_2+3a_3+\cdots\cdots+na_n=\dfrac{n+1}{n+2}$

とおく．$n=1$のとき，$a_1=\dfrac{2}{3}$ である．

$n\geqq 2$ のとき，$S'_n-S'_{n-1}$ を計算すると，na_n の式が得られる．

また，S_n は，$n\geqq 2$のとき，

$S_n=\dfrac{2}{3}+\sum_{k=2}^{n}\dfrac{1}{k(k+1)(k+2)}$

$=\dfrac{2}{3}+\dfrac{1}{2}\sum_{k=2}^{n}\left\{\dfrac{1}{k(k+1)}-\dfrac{1}{(k+1)(k+2)}\right\}$

と変形する．

270. (1) $\dfrac{1}{12}n(n+1)(n+2)$

(2) $1\leqq n\leqq 12$のとき，$\dfrac{1}{12}n(n+1)(n+2)$

$n\geqq 13$のとき，$3n^2-30n+110$

▶(1) $S_n=\dfrac{1}{2}\cdot n\cdot(n+1)\cdot\sin\dfrac{\pi}{6}$

$=\dfrac{1}{4}n(n+1)$

(2)(i) $1\leqq n\leqq 12$のとき，$D_n=\sum_{k=1}^{n}S_k$

(ii) $n\geqq 13$ のとき，自然数 k において，三角形 A_kOA_{k+1} は三角形 $A_{k+12}OA_{k+13}$ にすべて覆われることに注意すると，

$D_n=S_{n-11}+S_{n-10}+\cdots\cdots+S_n$

$=\sum_{k=1}^{n}S_k-\sum_{k=1}^{n-12}S_k$

271. 497

272. $a_n=2^n-n^2+n-1$

273. $a_n=3\cdot 4^{n-1}-1$

274. (1) $a_n=\dfrac{1}{n+2}$ (2) $b_n=\dfrac{n}{3(n+3)}$

275. (1) $\alpha=2$，$\beta=1$

(2) $a_n=-2^{n-1}+2n+1$

▶(1) $a_{n+1}=2a_n-2n+1$ ……①とする．

$b_n=a_n-(\alpha n+\beta)$ より，

$a_n=b_n+\alpha n+\beta$

これを①に代入して整理すると，

$b_{n+1}=2b_n+(\alpha-2)n-\alpha+\beta+1$

が得られる．数列 $\{b_n\}$ が等比数列になるとき，$\alpha-2=0$ かつ $-\alpha+\beta+1=0$

276. (1) $a_{n+1}-2a_n=-3^{n-1}$

(2) $a_n=2^n-3^{n-1}$

▶ $a_{n+2}=5a_{n+1}-6a_n$ ……①とする．

(1) ①は，$a_{n+2}-2a_{n+1}=3(a_{n+1}-2a_n)$ と変形できる．

(2) ①は，$a_{n+2}-3a_{n+1}=2(a_{n+1}-3a_n)$ と変形することもできるので，数列 $\{a_{n+1}-3a_n\}$は，$a_{n+1}-3a_n=-2^n$ …②

(1)の式から②を引いて a_n を求める．

277. (1) $r_1=\dfrac{a}{\sqrt{3}}$ (2) $r_{n+1}=\dfrac{1}{3}r_n$

(3) $\dfrac{3\pi a^2}{8}\left\{1-\left(\dfrac{1}{9}\right)^n\right\}$

▶(2) $\dfrac{r_n-r_{n+1}}{r_n+r_{n+1}}=\sin 30°$

が成り立つ．

(3) (1)，(2)より，数列 $\{r_n\}$ は，初項が $\dfrac{a}{\sqrt{3}}$，公比が $\dfrac{1}{3}$ の等比数列である．

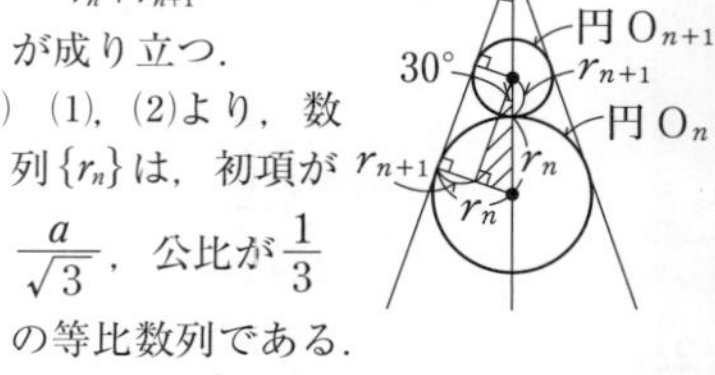

278. (1) $a_k=\dfrac{6}{(k+2)(k+1)k}$

(2) $\dfrac{3n(n+3)}{2(n+1)(n+2)}$

▶(1) $a_k=\dfrac{k-1}{k+2}a_{k-1}$ を繰り返し用いる．

(2) $\sum_{k=1}^{n}a_k=\sum_{k=1}^{n}\dfrac{6}{(k+2)(k+1)k}$

$=3\sum_{k=1}^{n}\left\{\dfrac{1}{k(k+1)}-\dfrac{1}{(k+1)(k+2)}\right\}$

と変形する．

279. $a_n=\dfrac{6^n-2^n}{2}$

▶ $a_n=2a_{n-1}+2\cdot 6^{n-1}$

の両辺を 6^n で割ると，

$\dfrac{a_n}{6^n}=\dfrac{1}{3}\cdot\dfrac{a_{n-1}}{6^{n-1}}+\dfrac{1}{3}$

$\frac{a_n}{6^n}=b_n$ とおくと，$b_n=\frac{1}{3}b_{n-1}+\frac{1}{3}$

280. (1) $a_1=\frac{3}{2}$　(2) $a_n=\frac{1}{2}a_{n-1}+\frac{3}{2}$

(3) $a_n=3\left\{1-\left(\frac{1}{2}\right)^n\right\}$

▶(3) $a_n=\frac{1}{2}a_{n-1}+\frac{3}{2}$ は，

$a_n-3=\frac{1}{2}(a_{n-1}-3)$

と変形できる．

281. (1) $a_n=2n^2-2n+1$　(2) $\frac{n(2n^2+1)}{3}$

▶(1) 図形 A_{n+1} は，図形 A_n のまわりに $4n$ 個の点をつけ加えた図形である．

したがって，

$a_{n+1}=a_n+4n$ $(n=1, 2, 3, \cdots)$

これより，$n\geqq 2$ のとき，

$a_n=a_1+\sum_{k=1}^{n-1}4k$

282. (1) $a_2=\frac{3}{5}$，$a_3=\frac{5}{7}$，$a_4=\frac{7}{9}$

▶(2) $a_n=\frac{2n-1}{2n+1}$ と推定できる．

283. ▶ $(\cos\theta+i\sin\theta)^n=\cos n\theta+i\sin n\theta$ …①

〔Ⅰ〕$n=1$ のとき，①の左辺と右辺はともに $\cos\theta+i\sin\theta$ であるから，①が成り立つ．

〔Ⅱ〕$n=k$ のとき，①が成り立つと仮定する．このとき，

$(\cos\theta+i\sin\theta)^{k+1}$

$=(\cos\theta+i\sin\theta)(\cos\theta+i\sin\theta)^k$

$=(\cos\theta+i\sin\theta)(\cos k\theta+i\sin k\theta)$

$=\cos(k+1)\theta+i\sin(k+1)\theta$

となり，$n=k+1$ のときも成り立つ．

284. ▶ $1\cdot 1+2\cdot 2+3\cdot 2^2+\cdots\cdots+n\cdot 2^{n-1}$

$=(n-1)\cdot 2^n+1$ ……①

〔Ⅰ〕$n=1$ のとき，①の左辺と右辺はともに 1 であるから，①が成り立つ．

〔Ⅱ〕$n=k$ のとき，①が成り立つと仮定する．このとき，

$1\cdot 1+2\cdot 2+3\cdot 2^2+\cdots\cdots+k\cdot 2^{k-1}$

$=(k-1)\cdot 2^k+1$

の両辺に，$(k+1)\cdot 2^k$ を加えると，

$1\cdot 1+2\cdot 2+3\cdot 2^2+\cdots\cdots+k\cdot 2^{k-1}+(k+1)\cdot 2^k$

$=(k-1)\cdot 2^k+1+(k+1)\cdot 2^k$

$=\{(k+1)-1\}\cdot 2^{k+1}+1$

となり，$n=k+1$ のときも成り立つ．

285. ▶ $1+\frac{1}{2}+\frac{1}{3}+\cdots\cdots+\frac{1}{n}\geqq\frac{2n}{n+1}$ ……①

〔Ⅰ〕$n=1$ のとき，

(①の左辺)$=1$，(①の右辺)$=1$

であるから，①が成り立つ．

〔Ⅱ〕$n=k$ のとき，①が成り立つと仮定する．このとき，

$1+\frac{1}{2}+\frac{1}{3}+\cdots\cdots+\frac{1}{k}+\frac{1}{k+1}-\frac{2(k+1)}{(k+1)+1}$

が 0 以上になることを示して，

$n=k+1$ のときも成り立つことをいう．

286. ▶与えられた等式を①とする．

〔Ⅰ〕$n=1$ のとき，①の左辺と右辺はともに $\frac{1}{2}$ であるから①が成り立つ．

〔Ⅱ〕$n=k$ のとき，①が成り立つと仮定する．このとき，

$\frac{1}{1\cdot 2}+\frac{1}{3\cdot 4}+\cdots\cdots+\frac{1}{(2k-1)\cdot 2k}$

$=\frac{1}{k+1}+\frac{1}{k+2}+\cdots\cdots+\frac{1}{k+k}$

の両辺に $\frac{1}{(2k+1)(2k+2)}$ を加えた式の右辺を変形して，$n=k+1$ のときも成り立つことを示す．

287. ▶ $11^{n+1}+12^{2n-1}$ $(n=1, 2, 3, \cdots)$ は 19 で割り切れることを数学的帰納法により示す．

〔Ⅰ〕$n=1$ のとき，

$11^2+12=19\cdot 7$ より，成り立つ．

〔Ⅱ〕$n=k$ のとき，

$11^{k+1}+12^{2k-1}$ は 19 で割り切れると仮定する．このとき，

$11^{k+2}+12^{2k+1}$

$=11(11^{k+1}+12^{2k-1})+19\cdot 7\cdot 12^{2k-1}$

となり，$n=k+1$ のときも成り立つ．

288. (1) 8　(3) -306

▶(2) 9 以上のすべての自然数 n について，$4n^2<2^n$ ……①が成り立つことを数学的帰納法により示す．

〔Ⅰ〕$n=9$ のとき，

(①の左辺) $=324$，

(①の右辺) $=512$

であるから，①が成り立つ．

〔II〕 $n=k$ ($\geqq 9$) のとき，①が成り立つと仮定する．このとき，

$$2^{k+1}-4(k+1)^2=2\cdot 2^k-4(k+1)^2$$
$$>2\cdot 4k^2-4(k+1)^2$$

$2\cdot 4k^2-4(k+1)^2$ が正になることを示して，$n=k+1$ のときも成り立つことをいう．

(3) $a_k=2^k-4k^2$ ($k=1,\ 2,\ 3,\ \cdots$)

とおくと，$S_n=\sum_{k=1}^{n} a_k$ であり，(1)，(2) より，

$$\begin{cases} 1\leqq k\leqq 7 \text{ のとき，} a_k<0 \\ k=8 \text{ のとき，} a_k=0 \\ k\geqq 9 \text{ のとき，} a_k>0 \end{cases}$$

である．

289. ▶(1) α，β は $x^2-px-1=0$ の 2 解より，

$$\begin{cases} \alpha^2=p\alpha+1 & \cdots\cdots① \\ \beta^2=p\beta+1 & \cdots\cdots② \end{cases}$$ が成り立つ．

①$\times\alpha^{n-1}$ + ②$\times\beta^{n-1}$ を計算する．

(2)〔I〕 $n=1$ のとき，$a_1=\alpha^0+\beta^0=2$

$n=2$ のとき，$a_2=\alpha+\beta=p$

(p は正の整数) であるから，a_1，a_2 はともに正の整数である．

〔II〕 $n=k$，$k+1$ のとき，a_k，a_{k+1} はともに正の整数であると仮定する．このとき，(1)の結果を用いて，$n=k+2$ のときも成り立つことを示す．

(3)〔I〕 $n=1$ のとき，$a_1=2$，$a_2=p$ より，a_1 と a_2 の最大公約数は 1 である．

〔II〕 $n=k$ のとき，a_k と a_{k+1} の最大公約数は 1 であると仮定する．このとき，a_{k+1} と a_{k+2} が 2 以上の公約数 d をもつとして矛盾を導き，a_{k+1} と a_{k+2} の最大公約数が 1 であることを示す．

290. $\overrightarrow{OC}=-2\overrightarrow{OA}+3\overrightarrow{OB}$

291. $s=-1$，$t=2$

292. $\overrightarrow{AE}=\vec{a}+\frac{1}{3}\vec{b}$，$\overrightarrow{AF}=\frac{3}{4}\vec{a}+\frac{1}{4}\vec{b}$，

$\overrightarrow{AG}=3\vec{a}+\vec{b}$

293. $\overrightarrow{OG}=\frac{1}{3}\overrightarrow{OA}+\frac{1}{3}\overrightarrow{OB}$，$\overrightarrow{OI}=\frac{4}{9}\overrightarrow{OA}+\frac{1}{3}\overrightarrow{OB}$

294. ▶(1) $\overrightarrow{PQ}=k\overrightarrow{AB}$ (k は 0 でない定数) と表せることを示す．

(2) $\overrightarrow{PQ}=m\overrightarrow{PD}$ (m は 0 でない定数) と表せることを示す．

295. (1) $\overrightarrow{OE}=(1-t)\vec{a}+3t\vec{b}$

(2) $\overrightarrow{OE}=2s\vec{a}+(1-s)\vec{b}$

(3) $\overrightarrow{OE}=\frac{4}{5}\vec{a}+\frac{3}{5}\vec{b}$

296. (1) $\frac{13}{2}$　(2) $\frac{39}{2}$

▶(2) P$(x,\ y)$ とおくと，

$$(x,\ y)=s(3,\ 2)+t(1,\ 5)$$
$$=(3s+t,\ 2s+5t)$$

よって，

$$s=\frac{5x-y}{13},\quad t=\frac{-2x+3y}{13}$$

これを $s\geqq 0$，$t\geqq 0$，$1\leqq s+t\leqq 2$ に代入して，x，y が満たす不等式を求める．

点 P$(x,\ y)$ の存在する範囲は次図の斜線部分 (境界線を含む)．

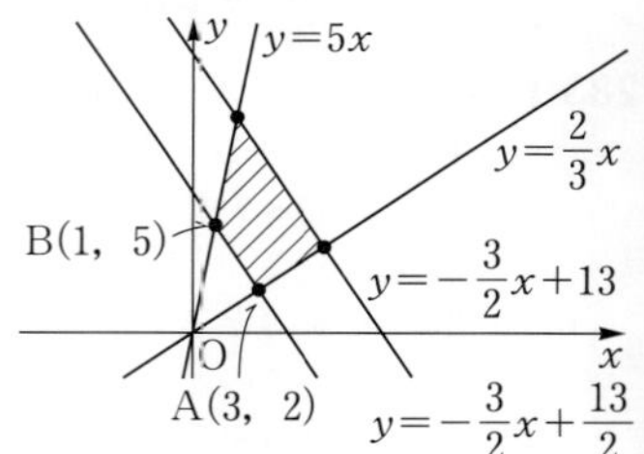

297. (1) $\overrightarrow{AP}=\frac{2}{3}\overrightarrow{AB}$，$\overrightarrow{AQ}=\frac{3}{2}\overrightarrow{AC}$，

$\overrightarrow{AR}=\frac{2}{5}\overrightarrow{AB}+\frac{3}{5}\overrightarrow{AC}$

(2) $\frac{1}{5}$ 倍

▶(2) (1)より，R は辺 BC を 3：2 に内分するので，

$$\triangle CQR=\frac{1}{2}\triangle CAR=\frac{1}{2}\cdot\frac{2}{5}\triangle ABC$$

298. (1) $\overrightarrow{OQ}=\frac{b\overrightarrow{OA}+a\overrightarrow{OB}}{a+b}$

(2) $\overrightarrow{OP}=\frac{b\overrightarrow{OA}+a\overrightarrow{OB}}{a+b-c}$

(3) $\overrightarrow{OP}=\frac{5}{2}\overrightarrow{OA}+\frac{3}{2}\overrightarrow{OB}$

▶(1) $\triangle OAP：\triangle OBP=a：b$ より，

AQ：QB$=a：b$

(2)　$\triangle OAB = \triangle OAP + \triangle OBP - \triangle ABP$
$=a+b-c$ より,
$\triangle OAB : \triangle ABP = OQ : QP$
$=(a+b-c) : c$
であるから, $\overrightarrow{OP}=\dfrac{a+b}{a+b-c}\overrightarrow{OQ}$

(3)　3 直線 OA, OB, AB に接する円の半径を r とすると,
$a=\dfrac{3}{2}r$, $b=\dfrac{5}{2}r$, $c=3r$
これらを(2)の式に代入する.

299. (1)　2 : 1 : 3　　(2)　36 : 17

▶(1)　$\overrightarrow{AP}+3\overrightarrow{BP}+2\overrightarrow{CP}=\vec{0}$　……①
①より,
$\overrightarrow{AP}=\dfrac{1}{2}\overrightarrow{AB}+\dfrac{1}{3}\overrightarrow{AC}$
$=\dfrac{5}{6}\cdot\dfrac{3\overrightarrow{AB}+2\overrightarrow{AC}}{5}$
となる. これより, 辺 BC を 2 : 3 に内分する点を E とすると, P は線分 AE を 5 : 1 に内分する点である.

(2)　$3\overrightarrow{AQ}+4\overrightarrow{DQ}+2\overrightarrow{CQ}=\vec{0}$　……②
(1)と同様に, ②より,
$\overrightarrow{AQ}=\dfrac{2}{9}\overrightarrow{AC}+\dfrac{4}{9}\overrightarrow{AD}$
$=\dfrac{2}{3}\cdot\dfrac{\overrightarrow{AC}+2\overrightarrow{AD}}{3}$
となる. これより, 辺 CD を 2 : 1 に内分した点を F とすると, Q は AF を 2 : 1 に内分した点である.

300. (1)　線分 AB の中点 (−1, 0) を中心とする半径 1 の円. 図は右の図.

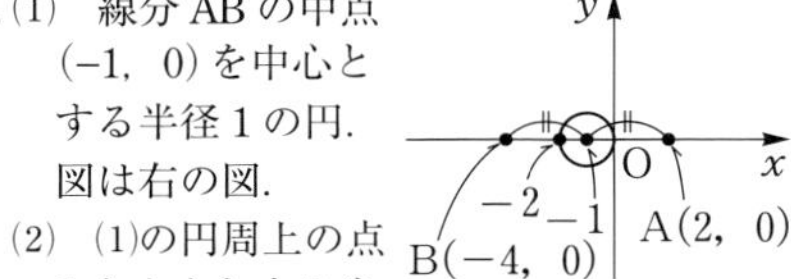

(2)　(1)の円周上の点 S を中心とする半径 $\dfrac{1}{2}$ の円をえがく. S を動かすことにより, 右の図の斜線部分になる.

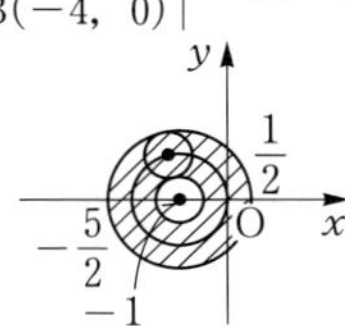

▶条件より,
$|\overrightarrow{AP}|=1$ ……①　　$|\overrightarrow{BQ}|=2$ ……②

(1)　条件式を, $\overrightarrow{OS}-\dfrac{\overrightarrow{OA}+\overrightarrow{OB}}{2}=\dfrac{1}{2}\overrightarrow{BQ}$
と変形して, ②を用いる.

(2)　条件式を,
$\overrightarrow{OR}=\dfrac{1}{2}(\overrightarrow{OA}+\overrightarrow{OQ})+\dfrac{1}{2}\overrightarrow{AP}$
すなわち,
$\overrightarrow{OR}-\overrightarrow{OS}=\dfrac{1}{2}\overrightarrow{AP}$
と変形して, ①を用いる.

301. $\overrightarrow{AD}\cdot\overrightarrow{BF}=0$, $\overrightarrow{AD}\cdot\overrightarrow{BD}=3a^2$,
$\overrightarrow{AD}\cdot\overrightarrow{CF}=-2a^2$

302. $t=\dfrac{1}{5}$

303. 最小値 $\dfrac{13}{\sqrt{10}}$, なす角 90°

304. (1)　$\vec{a}\cdot\vec{b}=\dfrac{9}{2}$　　(2)　$\dfrac{3\sqrt{7}}{4}$

▶(2)　$\triangle OAB\ =\dfrac{1}{2}\sqrt{|\vec{a}|^2|\vec{b}|^2-(\vec{a}\cdot\vec{b})^2}$

305. $\overrightarrow{OH}=\dfrac{21}{32}\vec{a}+\dfrac{11}{32}\vec{b}$

▶ AH : HB $=t : (1-t)$ とおくと,
$\overrightarrow{OH}=(1-t)\vec{a}+t\vec{b}$
OH ⊥ AB より, $\overrightarrow{OH}\cdot\overrightarrow{AB}=0$ だから,
$\{(1-t)\vec{a}+t\vec{b}\}\cdot(\vec{b}-\vec{a})=0$
$(t-1)|\vec{a}|^2-(2t-1)\vec{a}\cdot\vec{b}+t|\vec{b}|^2=0$
……①
ここで, $|\overrightarrow{AB}|=|\vec{b}-\vec{a}|=4$ より,
$\vec{a}\cdot\vec{b}$ の値を求めて, その値を①に代入して t の値を求める.

306. $x=\dfrac{1}{6}$, $y=\dfrac{4}{9}$

▶条件より, x と y の連立方程式をつくる.
$|\overrightarrow{AO}|=|\overrightarrow{BO}|$ より, $|\overrightarrow{AO}|^2=|\overrightarrow{AO}-\overrightarrow{AB}|^2$
これより, $2\overrightarrow{AO}\cdot\overrightarrow{AB}=|\overrightarrow{AB}|^2$ が得られる. よって, $2(x\vec{b}+y\vec{c})\cdot\vec{b}=|\vec{b}|^2$
$2x|\vec{b}|^2+2y\vec{b}\cdot\vec{c}=|\vec{b}|^2$　……①
また, $\vec{b}\cdot\vec{c}=|\vec{b}||\vec{c}|\cos 60°=3$ であるから, ①は, $4x+3y=2$
また, $|\overrightarrow{AO}|=|\overrightarrow{CO}|$ より, 同様にして,
$2\overrightarrow{AO}\cdot\overrightarrow{AC}=|\overrightarrow{AC}|^2$ が得られる.
これより, $2x+6y=3$

307. 最大値 $1+\sqrt{3}$, 最小値 $\sqrt{3}-1$

▶$(\vec{p}-\vec{a})\cdot(\vec{p}-\vec{b})=0$ より,
$|\vec{p}|^2-(\vec{a}+\vec{b})\cdot\vec{p}+\vec{a}\cdot\vec{b}=0$
$\left|\vec{p}-\dfrac{\vec{a}+\vec{b}}{2}\right|^2-\dfrac{|\vec{a}+\vec{b}|^2}{4}+\vec{a}\cdot\vec{b}=0$

$$\left|\vec{p}-\frac{\vec{a}+\vec{b}}{2}\right|^2=\frac{|\vec{a}-\vec{b}|^2}{4}$$

$$\left|\vec{p}-\frac{\vec{a}+\vec{b}}{2}\right|=\frac{|\vec{a}-\vec{b}|}{2}=\sqrt{3}$$

となり，$\overrightarrow{OA}=\vec{a}$，$\overrightarrow{OB}=\vec{b}$，$\overrightarrow{OP}=\vec{p}$ とすると，P は AB の中点 M を中心とする半径 $\sqrt{3}$ の円周上の点であることがわかる．

308. (1) $\overrightarrow{AF}=\frac{4}{7}\overrightarrow{AB}+\frac{1}{7}\overrightarrow{AC}$ (2) 60°

▶(1) BF：FE＝s：$(1-s)$（s は実数）とおくと，

$\overrightarrow{AF}=(1-s)\overrightarrow{AB}+\frac{1}{3}s\overrightarrow{AC}$ ……①

同様に，CF：FD＝$(1-t)$：t（t は実数）とおくと，

$\overrightarrow{AF}=\frac{2}{3}(1-t)\overrightarrow{AB}+t\overrightarrow{AC}$ ……②

①，②より，

$1-s=\frac{2}{3}(1-t)$，$\frac{1}{3}s=t$

(2) AB＝x，$\angle BAC=\theta$ $(0°<\theta<180°)$ とおく．$\overrightarrow{AB}\cdot\overrightarrow{AF}$ を x と θ を用いて2通りに表す．

$$\overrightarrow{AB}\cdot\overrightarrow{AF}=\overrightarrow{AB}\cdot\left(\frac{4}{7}\overrightarrow{AB}+\frac{1}{7}\overrightarrow{AC}\right)$$
$$=\frac{4}{7}|\overrightarrow{AB}|^2+\frac{1}{7}\overrightarrow{AB}\cdot\overrightarrow{AC}$$
$$=\frac{4}{7}x^2+\frac{4}{7}x^2\cos\theta \cdots\cdots①$$

また，

$\overrightarrow{AB}\cdot\overrightarrow{AF}=|\overrightarrow{AB}||\overrightarrow{AF}|\cos 30°$ ……②

ここで，$|\overrightarrow{AF}|^2=\left|\frac{4}{7}\overrightarrow{AB}+\frac{1}{7}\overrightarrow{AC}\right|^2$ であり，この式の右辺を計算すると，

$|\overrightarrow{AF}|^2=\frac{32}{49}x^2(1+\cos\theta)$ が得られる．

これより，②は，

$$\overrightarrow{AB}\cdot\overrightarrow{AF}$$
$$=x\cdot\frac{4\sqrt{2}}{7}\cdot x\sqrt{1+\cos\theta}\cdot\frac{\sqrt{3}}{2}$$
……③

となる．①，③より，θ の値を求める．

309. (1) $\overrightarrow{OP}=(1-\alpha)\vec{a}+\alpha\vec{b}$，

$\overrightarrow{OQ}=\frac{1-\alpha}{1+\alpha}\vec{a}+\frac{\alpha}{1+\alpha}\vec{b}$

(2) $\overrightarrow{OR}=\frac{1-2\alpha}{1+\alpha}\vec{a}$

▶(2) $\overrightarrow{OR}=t\vec{a}$ とおける．QR ⊥ AM より，

$\overrightarrow{QR}\cdot\overrightarrow{AM}=0$ であるから，

$$\left\{t\vec{a}-\left(\frac{1-\alpha}{1+\alpha}\vec{a}+\frac{\alpha}{1+\alpha}\vec{b}\right)\right\}\cdot\left(\frac{1}{2}\vec{b}-\vec{a}\right)=0$$

これより，t を求める．

310. (1) $5\overrightarrow{OA}+4\overrightarrow{OB}+3\overrightarrow{OC}=\vec{0}$ (2) $\frac{\pi}{4}$

▶(1) O は外心だから，P，Q，R はそれぞれ辺 BC，CA，AB の中点である．

$\overrightarrow{OP}=\frac{\overrightarrow{OB}+\overrightarrow{OC}}{2}$，$\overrightarrow{OQ}=\frac{\overrightarrow{OC}+\overrightarrow{OA}}{2}$，

$\overrightarrow{OR}=\frac{\overrightarrow{OA}+\overrightarrow{OB}}{2}$

これらを $\overrightarrow{OP}+2\overrightarrow{OQ}+3\overrightarrow{OR}=\vec{0}$ に代入する．

(2) $|\overrightarrow{OA}|=|\overrightarrow{OB}|=|\overrightarrow{OC}|=r$ (>0) とおくと，(1)より，$4\overrightarrow{OB}+3\overrightarrow{OC}=-5\overrightarrow{OA}$

よって，$|4\overrightarrow{OB}+3\overrightarrow{OC}|^2=25|\overrightarrow{OA}|^2$

これより，

$16r^2+24\overrightarrow{OB}\cdot\overrightarrow{OC}+9r^2=25r^2$

$\overrightarrow{OB}\cdot\overrightarrow{OC}=0$ より，$\angle BOC=\frac{\pi}{2}$

円周角の定理より，$\angle A=\frac{1}{2}\angle BOC$

311. (1) $\frac{2}{\sqrt{3}}$ (2) 2

(3) 最大値 2，最小値 $-\frac{2}{3}$

▶(2) $\overrightarrow{PA}\cdot\overrightarrow{PB}+\overrightarrow{PB}\cdot\overrightarrow{PC}+\overrightarrow{PC}\cdot\overrightarrow{PA}$

$$=(\overrightarrow{OA}-\overrightarrow{OP})\cdot(\overrightarrow{OB}-\overrightarrow{OP})$$
$$+(\overrightarrow{OB}-\overrightarrow{OP})\cdot(\overrightarrow{OC}-\overrightarrow{OP})$$
$$+(\overrightarrow{OC}-\overrightarrow{OP})\cdot(\overrightarrow{OA}-\overrightarrow{OP})$$
$$=3|\overrightarrow{OP}|^2-2(\overrightarrow{OA}+\overrightarrow{OB}+\overrightarrow{OC})\cdot\overrightarrow{OP}$$
$$+\overrightarrow{OA}\cdot\overrightarrow{OB}+\overrightarrow{OB}\cdot\overrightarrow{OC}+\overrightarrow{OC}\cdot\overrightarrow{OA}$$
……①

ここで，

$|\overrightarrow{OP}|=|\overrightarrow{OA}|=|\overrightarrow{OB}|=|\overrightarrow{OC}|=R=\frac{2}{\sqrt{3}}$

$$\overrightarrow{OA}\cdot\overrightarrow{OB}=\overrightarrow{OB}\cdot\overrightarrow{OC}=\overrightarrow{OC}\cdot\overrightarrow{OA}$$
$$=R\cdot R\cdot\cos\frac{2}{3}\pi=-\frac{2}{3}$$

であり，O は三角形 ABC の重心でもあるから，$\overrightarrow{OA}+\overrightarrow{OB}+\overrightarrow{OC}=\vec{0}$

これを①に代入する．

(3) $\overrightarrow{PA}\cdot\overrightarrow{PB}=(\overrightarrow{OA}-\overrightarrow{OP})\cdot(\overrightarrow{OB}-\overrightarrow{OP})$

$$=\overrightarrow{OA}\cdot\overrightarrow{OB}-(\overrightarrow{OA}+\overrightarrow{OB})\cdot\overrightarrow{OP}+|\overrightarrow{OP}|^2$$
$$=\frac{2}{3}-|\overrightarrow{OA}+\overrightarrow{OB}||\overrightarrow{OP}|\cos\theta$$

（$\overrightarrow{OA}+\overrightarrow{OB}$ と $\overrightarrow{OP}$ のなす角を θ とする）

$|\overrightarrow{OA}+\overrightarrow{OB}|^2=|\overrightarrow{OA}|^2+2\overrightarrow{OA}\cdot\overrightarrow{OB}+|\overrightarrow{OB}|^2$
$=\frac{4}{3}$

であるから，

$\overrightarrow{PA}\cdot\overrightarrow{PB}=\frac{2}{3}-\frac{2}{\sqrt{3}}\cdot\frac{2}{\sqrt{3}}\cos\theta$

となる．$-1\leqq\cos\theta\leqq1$ より，最大値，最小値を求める．

312. (1)　$\overrightarrow{OD}=\frac{1}{3}\overrightarrow{OA}+\frac{1}{3}\overrightarrow{OB}$

(2)　$\overrightarrow{OE}=\frac{1}{9}\overrightarrow{OA}+\frac{1}{9}\overrightarrow{OB}+\frac{2}{3}\overrightarrow{OC}$

(3)　$\overrightarrow{OF}=\frac{1}{8}\overrightarrow{OA}+\frac{1}{8}\overrightarrow{OB}+\frac{3}{4}\overrightarrow{OC}$

313. $\frac{1}{2}$

314. ▶ $\vec{a}+\vec{b}=\vec{c}+\vec{d}$　……①

(1)　①より，$|\vec{a}+\vec{b}|^2=|\vec{c}+\vec{d}|^2$　……②

②を変形して，$\vec{a}\cdot\vec{b}=\vec{c}\cdot\vec{d}$ を示す．

(2)　①より，$\vec{a}-\vec{c}=\vec{d}-\vec{b}$ であるから，

$|\vec{a}-\vec{c}|^2=|\vec{d}-\vec{b}|^2$　……③

③を変形して，$\vec{a}\cdot\vec{c}=\vec{b}\cdot\vec{d}$ を示す．

(3)　$|\overrightarrow{AB}|^2=|\vec{b}-\vec{a}|^2=|\vec{a}|^2-2\vec{a}\cdot\vec{b}+|\vec{b}|^2$

$|\overrightarrow{CD}|^2=|\vec{d}-\vec{c}|^2=|\vec{d}|^2-2\vec{c}\cdot\vec{d}+|\vec{c}|^2$

ここで，$|\vec{a}|=|\vec{b}|=|\vec{c}|=|\vec{d}|$ であることと，(1)より，$|\overrightarrow{AB}|^2=|\overrightarrow{CD}|^2$

315. (2)　27：1

▶(1)　$\overrightarrow{PQ}=\overrightarrow{OQ}-\overrightarrow{OP}$

$=\frac{\overrightarrow{OA}+\overrightarrow{OC}+\overrightarrow{OD}}{3}-\frac{\overrightarrow{OB}+\overrightarrow{OC}+\overrightarrow{OD}}{3}$

$=\frac{1}{3}(\overrightarrow{OA}-\overrightarrow{OB})=\frac{1}{3}\overrightarrow{BA}$

(2)　(1)より，$|\overrightarrow{PQ}|=\frac{1}{3}|\overrightarrow{BA}|$　同様に，

$|\overrightarrow{PR}|=\frac{1}{3}|\overrightarrow{AC}|$，$|\overrightarrow{PS}|=\frac{1}{3}|\overrightarrow{AD}|$，

$|\overrightarrow{QR}|=\frac{1}{3}|\overrightarrow{BC}|$，$|\overrightarrow{RS}|=\frac{1}{3}|\overrightarrow{CD}|$ である．

よって，四面体 ABCD と四面体 PQRS は相似で，相似比は 3：1

316. (1)　$\overrightarrow{ML}=(2p-1)\vec{a}-p\vec{b}$

$\overrightarrow{MN}=(p-1)\vec{a}+(1-2p)\vec{b}+p\vec{c}$

$\overrightarrow{ML}\cdot\overrightarrow{MN}=2p^2-2p+\frac{1}{2}$

(2)　$\overrightarrow{LN}=-p\vec{a}+(1-p)\vec{b}+p\vec{c}$

$|\overrightarrow{LN}|=\sqrt{2p^2-2p+1}$

(3)　$p=\frac{1}{2}$，面積 $\frac{1}{8}$

▶(2)　$|\overrightarrow{LN}|^2=|-p\vec{a}+(1-p)\vec{b}+p\vec{c}|^2$

$=2p^2-2p+1$

$=2\left(p-\frac{1}{2}\right)^2+\frac{1}{2}$

が得られる．

(3)　(2)より，$p=\frac{1}{2}$ のとき $|\overrightarrow{LN}|$ は最小となる．

317. ▶(1)　$\overrightarrow{OA}\cdot\overrightarrow{BC}=\overrightarrow{OA}\cdot(\overrightarrow{OC}-\overrightarrow{OB})=0$ より，

$\overrightarrow{OA}\cdot\overrightarrow{OB}=\overrightarrow{OC}\cdot\overrightarrow{OA}$　……①

また，△OAB＝△OAC より，

$\frac{1}{2}\sqrt{|\overrightarrow{OA}|^2|\overrightarrow{OB}|^2-(\overrightarrow{OA}\cdot\overrightarrow{OB})^2}$

$=\frac{1}{2}\sqrt{|\overrightarrow{OC}|^2|\overrightarrow{OA}|^2-(\overrightarrow{OC}\cdot\overrightarrow{OA})^2}$

これと①より，$|\overrightarrow{OB}|=|\overrightarrow{OC}|$ が示される．

(2)　$\overrightarrow{OG}\cdot\overrightarrow{BC}$

$=\frac{1}{3}(\overrightarrow{OA}+\overrightarrow{OB}+\overrightarrow{OC})\cdot(\overrightarrow{OC}-\overrightarrow{OB})$

$=\frac{1}{3}(\overrightarrow{OC}\cdot\overrightarrow{OA}-\overrightarrow{OA}\cdot\overrightarrow{OB}-|\overrightarrow{OB}|^2+|\overrightarrow{OC}|^2)$

$=0$（①より）

318. (1)　$\overrightarrow{PC}=\vec{k}+\vec{l}-\vec{m}$　　(2)　0

(3)　$\overrightarrow{RS}=\frac{1}{2}(\vec{l}-\vec{k})$

(4)　$\overrightarrow{AT}=\frac{1}{3}\vec{k}+\frac{1}{3}\vec{l}+\frac{2}{3}\vec{m}$

▶(4)　T は平面 ARS 上の点なので，

$\overrightarrow{AT}=\alpha\overrightarrow{AR}+\beta\overrightarrow{AS}$（$\alpha$，$\beta$ は実数）

$=\alpha\cdot\frac{\vec{k}+\vec{m}}{2}+\beta\cdot\frac{\vec{l}+\vec{m}}{2}$

$=\frac{\alpha}{2}\vec{k}+\frac{\beta}{2}\vec{l}+\frac{\alpha+\beta}{2}\vec{m}$ ……①

と表せる．

また，T は PC 上の点なので，

$\overrightarrow{PT}=t\overrightarrow{PC}$（$t$ は実数）と表せる．

これより，

$\overrightarrow{AT}=(1-t)\overrightarrow{AP}+t\overrightarrow{AC}$

$=(1-t)\vec{m}+t(\vec{k}+\vec{l})$

$=t\vec{k}+t\vec{l}+(1-t)\vec{m}$　……②

①，②より，

$\frac{\alpha}{2}=t$，$\frac{\beta}{2}=t$，$\frac{\alpha+\beta}{2}=1-t$

319. (1) $\vec{a}\cdot\vec{b}=5$, $\vec{b}\cdot\vec{c}=5$, $\vec{c}\cdot\vec{a}=10$

(2) $\dfrac{15}{2}$ (3) 2 (4) 5

▶(3) 点Hは平面OAB上にあるので，
$\overrightarrow{OH}=s\vec{a}+t\vec{b}$ (s, tは実数)とおけて，
$\overrightarrow{CH}=s\vec{a}+t\vec{b}-\vec{c}$ ……①と表せる．
$\overrightarrow{CH}\perp\overrightarrow{OA}$であるから，
$\overrightarrow{CH}\cdot\overrightarrow{OA}=(s\vec{a}+t\vec{b}-\vec{c})\cdot\vec{a}=0$
これより，$5s+t=2$ ……②
$\overrightarrow{CH}\perp\overrightarrow{OB}$であるから，
$\overrightarrow{CH}\cdot\overrightarrow{OB}=(s\vec{a}+t\vec{b}-\vec{c})\cdot\vec{b}=0$
これより，$s+2t=1$ ……③
②，③より，$s=t=\dfrac{1}{3}$
これを①に代入して，$|\overrightarrow{CH}|^2$を計算する．

320. 9

▶ $AB^2+BC^2+CA^2$
$=|\overrightarrow{OB}-\overrightarrow{OA}|^2+|\overrightarrow{OC}-\overrightarrow{OB}|^2+|\overrightarrow{OA}-\overrightarrow{OC}|^2$
$=2|\overrightarrow{OA}|^2+2|\overrightarrow{OB}|^2+2|\overrightarrow{OC}|^2-2\overrightarrow{OA}\cdot\overrightarrow{OB}-2\overrightarrow{OB}\cdot\overrightarrow{OC}-2\overrightarrow{OC}\cdot\overrightarrow{OA}$
$=6-2(\overrightarrow{OA}\cdot\overrightarrow{OB}+\overrightarrow{OB}\cdot\overrightarrow{OC}+\overrightarrow{OC}\cdot\overrightarrow{OA})$
ここで，
$|\overrightarrow{OA}+\overrightarrow{OB}+\overrightarrow{OC}|^2$
$=3+2(\overrightarrow{OA}\cdot\overrightarrow{OB}+\overrightarrow{OB}\cdot\overrightarrow{OC}+\overrightarrow{OC}\cdot\overrightarrow{OA})$
であるから，
$2(\overrightarrow{OA}\cdot\overrightarrow{OB}+\overrightarrow{OB}\cdot\overrightarrow{OC}+\overrightarrow{OC}\cdot\overrightarrow{OA})$
$=|\overrightarrow{OA}+\overrightarrow{OB}+\overrightarrow{OC}|^2-3\geqq-3$
が得られる．

321. ▶(i)より，$\overrightarrow{OA}\cdot\overrightarrow{OB}=\overrightarrow{OB}\cdot\overrightarrow{OC}=\overrightarrow{OC}\cdot\overrightarrow{OA}$ ($=k$とおく)が示される．
次に，(ii)と(i)の結果より，
$\sqrt{|\overrightarrow{OA}|^2|\overrightarrow{OB}|^2-k^2}=\sqrt{|\overrightarrow{OB}|^2|\overrightarrow{OC}|^2-k^2}$
$=\sqrt{|\overrightarrow{OC}|^2|\overrightarrow{OA}|^2-k^2}$
これより，OA=OB=OCが示される．
(i)，(ii)のO，A，B，Cについての対称性から，同様に，
$|\overrightarrow{AO}|=|\overrightarrow{AB}|=|\overrightarrow{AC}|$かつ
$|\overrightarrow{BO}|=|\overrightarrow{BA}|=|\overrightarrow{BC}|$も示されるから．
OA=OB=OC=AB=BC=CA

322. $(-5,\ 2,\ 1)$

323. $\left(\dfrac{1}{\sqrt{3}},\ \dfrac{1}{\sqrt{3}},\ -\dfrac{1}{\sqrt{3}}\right)$, $\left(-\dfrac{1}{\sqrt{3}},\ -\dfrac{1}{\sqrt{3}},\ \dfrac{1}{\sqrt{3}}\right)$

324. $\sqrt{6}$

325. (1) $a=\dfrac{1}{3}$, $b=\dfrac{2\sqrt{2}}{3}$ (2) $S=\dfrac{\sqrt{2}}{3}$

(3) $V=\dfrac{\sqrt{2}}{18}$

▶(3) $\overrightarrow{OC}=(x,\ y,\ z)$とおくと，$|\overrightarrow{OC}|=1$，
$\overrightarrow{OA}\cdot\overrightarrow{OC}=\dfrac{1}{2}$，$\overrightarrow{OB}\cdot\overrightarrow{OC}=\dfrac{5}{6}$より，
連立方程式をつくって，解く．
ここで，底面の三角形OABはxy平面上にあるから，体積Vは
$V=\dfrac{1}{3}\cdot S\cdot|z|$で求められる．

326. $(1,\ 1,\ -1)$

327. (1) $z=-y-6$ (2) $\sqrt{67}$

▶(1) 点Sが平面PQR上にあるとき，
$\overrightarrow{PS}=\alpha\overrightarrow{PQ}+\beta\overrightarrow{PR}$ (α，βは実数)
と表せる．

(2) (1)より，$S(7,\ y,\ -y-6)$なので，
$OS^2=7^2+y^2+(-y-6)^2$
$=2(y+3)^2+67$
となる．

328. (1) $G(2,\ 2,\ 2)$，半径$\sqrt{6}$

(2) $H(12,\ -3,\ -3)$ (3) $r=12$

▶(1) $PQ=QR=RP=3\sqrt{2}$より，三角形PQRは正三角形であるから，円Cの中心Gは三角形PQRの重心と一致する．

(2) 点Hは平面L上であるから，
$\overrightarrow{PH}=\alpha\overrightarrow{PQ}+\beta\overrightarrow{PR}$ (α，βは実数)
とおけて，これより，
$\overrightarrow{OH}=\overrightarrow{OP}+\alpha\overrightarrow{PQ}+\beta\overrightarrow{PR}$
$=(3\alpha+3\beta,\ -3\alpha+3,\ -3\beta+3)$
AH⊥(平面L)であるから，
$\overrightarrow{AH}\perp\overrightarrow{PQ}$より，$\overrightarrow{AH}\cdot\overrightarrow{PQ}=0$
これより，$2\alpha+\beta=6$ ……①
また，$\overrightarrow{AH}\perp\overrightarrow{PR}$より，$\overrightarrow{AH}\cdot\overrightarrow{PR}=0$
これより，$\alpha+2\beta=6$ ……②
①，②を解く．

(3) 2円C，Dは外接するから，それぞれの半径をr_1，r_2とすると，
$r_1+r_2=GH$
$r_1=\sqrt{6}$，$GH=5\sqrt{6}$であるから，
$r_2=GH-r_1=4\sqrt{6}$ ……①
ここで，$r^2=AH^2+r_2^2$ ……②

また，$AH=\sqrt{4^2+4^2+4^2}=4\sqrt{3}$ …③
①，③を②に代入する．

329. (1) $(4,\ -1,\ 3)$

(2) $S\left(2,\ \frac{5}{3},\ \frac{17}{3}\right)$，最小値 $\sqrt{41}$

▶(1) 線分PRとαとの交点をHとすると，$\overrightarrow{PH}=k\vec{n}$とおける．これより，

$\overrightarrow{OH}=\overrightarrow{OP}+k\vec{n}$
$=(-3k-2,\ k+1,\ 2k+7)$ …①

が得られる．
ここで，$\overrightarrow{AH}\perp\vec{n}$より，$\overrightarrow{AH}\cdot\vec{n}=0$
内積の成分計算よりkの値を求めて，①に代入する．さらに，HはPRの中点であるから，$\frac{\overrightarrow{OP}+\overrightarrow{OR}}{2}=\overrightarrow{OH}$より，$\overrightarrow{OR}$を求める．

(2) $PS+QS=RS+SQ\geqq RQ$
が成り立つから，$PS+QS$が最小となるのは，SがQRとαの交点であるときで，このとき，$\overrightarrow{RS}=t\overrightarrow{RQ}$とおけて，これより，

$\overrightarrow{OS}=\overrightarrow{OR}+t\overrightarrow{RQ}$
$=(4-3t,\ -1+4t,\ 3+4t)$

が得られる．ここで，$\overrightarrow{AS}\perp\vec{n}$より，
$\overrightarrow{AS}\cdot\vec{n}=0$
内積の成分計算よりtの値を求める．

330. (3) $\frac{49}{36}$

▶(1) $P(a,\ b,\ c)$とおく．条件式

$\overrightarrow{AP}\cdot(\overrightarrow{BP}+2\overrightarrow{CP})=0$

において，成分計算を行うと，

$$\left(a-\frac{1}{2}\right)^2+\left(b-\frac{1}{3}\right)^2+(c-1)^2=\frac{49}{36}$$

が得られる．これは，Pが$\left(\frac{1}{2},\ \frac{1}{3},\ 1\right)$を中心とする半径$\frac{7}{6}$の球面上にあることを表す．

(2) $\overrightarrow{AQ}=x\overrightarrow{AB}+y\overrightarrow{AC}$を満たす実数$x,\ y$が存在することを示せばよい．

(3) 三角形ABCを底面とみると，点PはQを中心とする半径$\frac{7}{6}$の球面上にあるので，高さの最大値は球の半径$\frac{7}{6}$である．

331. (1) $\overrightarrow{OR}=(-s-t-2,\ -s-3t+2,\ -s+4t)$

(2) $\sqrt{78}$　(3) 8

▶(2) (1)より，$(-2,\ 2,\ 0)$を点Eとし，
$\vec{x}=(-1,\ -1,\ -1)$，
$\vec{y}=(-1,\ -3,\ 4)$
とおくと，$\overrightarrow{OR}=\overrightarrow{OE}+s\vec{x}+t\vec{y}$と表せる．これより，$\overrightarrow{ER}=s\vec{x}+t\vec{y}$
$0\leqq s\leqq 1$，$0\leqq t\leqq 1$，$\vec{x}\cdot\vec{y}=0$より，図形Fは1つの頂点がEである$\vec{x}$，$\vec{y}$によって張られた長方形の内部および周である．

(3) ORが動いてできる立体は長方形Fを底面とし，Oを頂点とする四角錐である．
Oから長方形Fを含む平面に下ろした垂線の足をR_0とすると，
$\overrightarrow{OR}\perp\vec{x}$かつ$\overrightarrow{OR}\perp\vec{y}$を満たすRが$R_0$である．
$\overrightarrow{OR}\cdot\vec{x}=0$，$\overrightarrow{OR}\cdot\vec{y}=0$の成分計算により，このときの$s$と$t$の値を求める．

数学Ⅰ・Ⅱ・A・B総合演習

1. (1) $b=1+\dfrac{1}{a}$ (2) $M(a)=\dfrac{(a+1)^2}{a}$,

$0<a<1$ のとき, $m(a)=\dfrac{(a-1)^2}{a}$,

$a\geqq 1$ のとき, $m(a)=0$

(3) 4

▶(2) (1)より, $f(x)=a\left\{x-\left(1+\dfrac{1}{a}\right)\right\}^2$

(i) $M(a)$ について
$M(a)=f(0)$

(ii) $m(a)$ について

・$1+\dfrac{1}{a}\leqq 2$ のとき, $m(a)=f\left(1+\dfrac{1}{a}\right)$

・$1+\dfrac{1}{a}>2$ のとき, $m(a)=f(2)$

(3) (2)より,

$$M(a)=\frac{(a+1)^2}{a}=a+\frac{1}{a}+2$$

$a>0$ より, 相加平均と相乗平均の大小関係を利用する.

2. (1) 3個 (2) 102個

(3) $\dfrac{2n-1}{4}\cdot 3^{n+1}+\dfrac{3}{4}$

▶(*)を変形すると, $y\leqq x\cdot 3^x$ ……①が得られる.

(2) $x\leqq 3$ より, $x=1$, 2, 3 である.

(i) $x=1$ のとき, ①より, $0<y\leqq 3$

(ii) $x=2$ のとき, ①より, $0<y\leqq 18$

(iii) $x=3$ のとき, ①より, $0<y\leqq 81$

それぞれの場合について, 格子点の個数を求めて, それらを合計する.

(3) 直線 $x=k$ ($k=1$, 2, 3, …, n) 上の格子点について考えると, ①より, $0<y\leqq k\cdot 3^k$

求める格子点の個数を N とすると,
$N=1\cdot 3^1+2\cdot 3^2+3\cdot 3^3+\cdots\cdots+n\cdot 3^n$
である. これは,
(等差数列)×(等比数列)の和
であるから, $N-3N$ を考える.

3. 平均値 m, 標準偏差 $\sqrt{s^2-\dfrac{8}{5}s-\dfrac{4}{5}}$

▶条件より,

$x_1+x_2+\cdots\cdots+x_9=9m$ ……①

$x_1+x_2+x_3+x_4=4m$ ……②

$x_1{}^2+x_2{}^2+\cdots\cdots+x_9{}^2=9(s^2+m^2)$ ……③

$x_1{}^2+x_2{}^2+x_3{}^2+x_4{}^2=4\{(s+1)^2+m^2\}$ …④

①, ②より, $x_5+x_6+x_7+x_8+x_9$ の値を求める.

③, ④より, $x_5{}^2+x_6{}^2+x_7{}^2+x_8{}^2+x_9{}^2$ の値を求める.

4. (1) 210通り (2) 108通り

(3) 189通り

▶立方体の1辺の長さを単位長として, 図のように座標軸を定める.

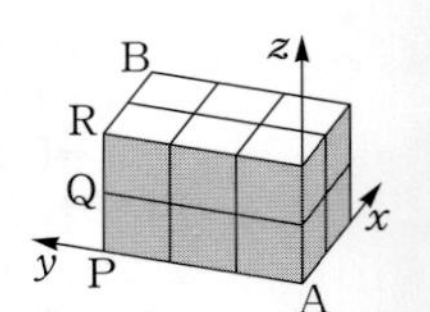

(2) 直方体の内部にある立方体の頂点は, (1, 1, 1), (1, 2, 1) の2点だけ. これらを順にC, Dとする. AからCを通ってBに到る最短経路は,

$3!\cdot\dfrac{4!}{2!}=72$ (通り) ……①

AからDを通ってBに到る最短経路は,

$\dfrac{4!}{2!}\cdot 3!=72$ (通り) ……②

また, AからCおよびDを通ってBに到る最短経路は,

$3!\cdot 1\cdot 3!=36$ (通り) ……③

求める最短経路の数は①+②−③

(3) AからP, Q, Rのいずれかの点を通ってBに到る最短経路の数を求めて, (1)の210通りから引く. 次の3つの場合の経路を求める.

・AからPを通ってBに到る最短経路

・AからPを通らずQを通ってBに到る最短経路

・AからP, Qを通らずRを通ってBに到る最短経路

5. (1) $-\dfrac{3}{4}<a<\dfrac{3}{4}$

(2) 円 $\left(x-\dfrac{5}{2}\right)^2+y^2=\dfrac{25}{4}$ の $x<\dfrac{9}{5}$ の部分

▶(2) 点(5, 0)を通り, 傾きが a の直線を l とする. 原点Oを通り l に垂直な直線は,

$x+ay=0$

であり, これと l の交点がMであるから, M(X, Y) とおくと, X, Y の満たすべき条件は,

$$\begin{cases}X^2+Y^2<3^2 & \cdots\cdots① \\ aX-Y-5a=0 & \cdots\cdots② \\ X+aY=0 & \cdots\cdots③\end{cases}$$

を満たす実数 a が存在すること．

(i) $Y \neq 0$ のとき，③より $a=-\dfrac{X}{Y}$

これを②に代入すると，

$X^2+Y^2-5X=0$ ……④

が得られる．また，④の下で，①は，$5X<9$ と同値である．

(ii) $Y=0$ のとき，③より $X=0$

これらは①を満たす．

また，②に代入すると，$a=0$ となるので，実数 a が存在する．

よって，$(0,\ 0)$ も軌跡に含まれる．

6. $\theta=\dfrac{\pi}{12}$，$\dfrac{5}{12}\pi$

▶ $\sin\theta+\cos\theta=t$ とおく．

$\sin\theta\cos\theta=\dfrac{t^2-1}{2}$，

$\sin^3\theta+\cos^3\theta$

$=(\sin\theta+\cos\theta)(1-\sin\theta\cos\theta)$

$=t\left(1-\dfrac{t^2-1}{2}\right)$

であるから，方程式を t で表すと，

$2t^3-2t^2-3t+3=0$ ……①

また，

$t=\sqrt{2}\sin\left(\theta+\dfrac{\pi}{4}\right)$ ……②

であり，$1<t\leqq\sqrt{2}$ ……③

③の範囲で①を解くと，$t=\dfrac{\sqrt{6}}{2}$ を得る．

これを②に代入して，θ の値を求める．

7. (2) $x=\dfrac{4}{3}$ のとき最大値 $\dfrac{9}{8}$

▶(1) $\overrightarrow{\mathrm{OA}}=\dfrac{1}{x}\overrightarrow{\mathrm{OD}}$，$\overrightarrow{\mathrm{OB}}=\dfrac{1}{y}\overrightarrow{\mathrm{OE}}$ より，

$\overrightarrow{\mathrm{OC}}=\dfrac{2}{3}\overrightarrow{\mathrm{OA}}+\dfrac{1}{3}\overrightarrow{\mathrm{OB}}$

$=\dfrac{2}{3x}\overrightarrow{\mathrm{OD}}+\dfrac{1}{3y}\overrightarrow{\mathrm{OE}}$

と表される，C は直線 DE 上にあることから，等式が成り立つことを示す．

(2) $\angle\mathrm{AOB}=\theta$ とすると，

$S=\dfrac{1}{2}\cdot\mathrm{OA}\cdot\mathrm{OB}\cdot\sin\theta$，

$T=\dfrac{1}{2}\cdot\mathrm{OD}\cdot\mathrm{OE}\cdot\sin\theta$

$=\dfrac{1}{2}\cdot x\mathrm{OA}\cdot y\mathrm{OB}\cdot\sin\theta$

であるから，

$\dfrac{S}{T}=\dfrac{1}{xy}$

$\dfrac{2}{x}>0$，$\dfrac{1}{y}>0$ より，(1)の結果と相加平均と相乗平均の大小関係を利用する．

8. $(a,\ b,\ c)=(15,\ 4,\ 2)$，$(9,\ 5,\ 2)$，$(7,\ 6,\ 2)$，$(8,\ 3,\ 3)$，$(5,\ 4,\ 3)$

▶与えられた等式を (∗) とする．

$c\geqq 4$ と仮定すると，

$\dfrac{1}{a}\leqq\dfrac{1}{b}\leqq\dfrac{1}{c}\leqq\dfrac{1}{4}$

だから，

$\left(1+\dfrac{1}{a}\right)\left(1+\dfrac{1}{b}\right)\left(1+\dfrac{1}{c}\right)\leqq\left(1+\dfrac{1}{4}\right)^3$

となり，(∗) に反するから，$c=1,\ 2,\ 3$ のいずれかである．

(i) $c=1$ のとき，(∗) を変形すると，

$a+b+1=0$

が得られるが，これを満たす正の整数 a，b は存在しない．

(ii) $c=2$ のとき，(∗) を変形すると，

$ab-3a-3b-3=0$

すなわち，

$(a-3)(b-3)=12$

が得られる．

これを満たす正の整数 a，b を求める．

(iii) $c=3$ のとき，(∗) を変形すると，

$ab-2a-2b-2=0$

すなわち，

$(a-2)(b-2)=6$

が得られる．

これを満たす正の整数 a，b を求める．

9. (1) $a<-5$，$\dfrac{1}{3}<a<1$，$1<a$

(2) $a=\dfrac{2}{3}$，解の個数 2

▶(1) $f'(x)=6x^2+6(1-a)x-6a$

$=6(x+1)(x-a)$

$a=-1$ のとき，$f'(x)\geqq 0$ より，$f(x)$ は単調に増加し，$f(x)=0$ は異なる実数解を 1 個しかもたないので不適．

$a\neq -1$ のとき，$f(x)$ は $x=a$，-1 で極値をとるので，$f(x)=0$ が 3 個の相異なる実数解をもつ条件は，$f(-1)f(a)<0$ である．

(2) 条件より，

$|f(-1)-f(a)|$

$=|(12a-4)-(-a^3-3a^2+9a-5)|$

$=\dfrac{125}{27}$

変形して，

$(a+1)^3=\pm\left(\dfrac{5}{3}\right)^3$

これを解いて，(1)を満たすものを選ぶと，$a=\dfrac{2}{3}$

このとき，$f(x)=2x^3+x^2-4x+1$

$f(x)$ の $x>0$ の範囲での増減を調べる．

10. (1) 第114項 (2) $\dfrac{13}{10}$ (3) 15

▶次のように群に分けて考える．

第1群	第2群	第3群	
$\dfrac{1}{1}$	$\dfrac{1}{2}, \dfrac{2}{2}, \dfrac{2}{1}$	$\dfrac{1}{3}, \dfrac{2}{3}, \dfrac{3}{3}, \dfrac{3}{2}, \dfrac{3}{1}$	…
(1個)	(3個)	(5個)	

(1) $\dfrac{11}{8}$ が初めて現れるのは第11群の14番目である．

(2) 第1群から第12群までの項数は，

$1+3+5+\cdots\cdots+23=12^2=144$

であり，第1群から第13群までの項数は，

$1+3+5+\cdots\cdots+25=13^2=169$

であるから，第160項は第13群の16番目であることがわかる．

(3) $1+3+5+\cdots\cdots+61=31^2=961$

$1+3+5+\cdots\cdots+63=32^2=1024$

より，第1000項は第32群の39番目であることがわかる．

また，$\dfrac{n}{m}=2$ (m, n は自然数)のとき，$n=2l$，$m=l$ (l は自然数)と表せるので，このような項は第 $2l$ 群に1個ずつ現れるから，第2, 4, 6, …, 30群に各1個ずつ現れることがわかる．

32群では，$\dfrac{32}{16}$ が48番目になるので，2となる項は含まれない．

11. $-8-4\sqrt{5}<a\leqq 1$

▶ $2^{2x+2}+2^xa+1-a>0$ ……(∗)

$t=2^x$ とおくと，$t>0$ で，(∗)は，

$4t^2+at+1-a>0$ ……(∗∗)

となる．すべての実数 x に対して(∗)が成り立つ条件は，すべての正の数 t に対して(∗∗)が成り立つことである．

$f(t)=4t^2+at+1-a$

とおいて，$f(t)$ の軸 $t=-\dfrac{a}{8}$ の位置で場合分けする．

(i) $-\dfrac{a}{8}\leqq 0$ のとき，条件は $f(0)\geqq 0$

(ii) $-\dfrac{a}{8}>0$ のとき，条件は $f\left(-\dfrac{a}{8}\right)>0$

12. (1) $x\geqq 0$，$y\geqq 0$，$3x+4y-12\leqq 0$，

$z=\dfrac{1}{5}(12-3x-4y)$

(2) $x+y+z=\dfrac{1}{5}(12+2x+y)$

(3) $x=4$，$y=0$ のとき，最大値4

$x=0$，$y=0$ のとき，最小値 $\dfrac{12}{5}$

▶(1) A, B, C の座標が A(0, 0), B(4, 0), C(0, 3)となるように座標軸をとる．

このとき，Pの座標は(x, y)となり，Pと直線BC：$3x+4y-12=0$ との距離が z となる．

Pが三角形の内部または周上にある条件から，x, y の満たす不等式を得る．

また，z の条件は，点と直線の距離の公式により得られる．

(3) $x+y+z=k$ とおくと，(2)より，

$y=-2x+5k-12$ ……(∗)

(∗)は直線を表し，これが三角形ABCの内部または周と共有点をもつような k の最大値，最小値を求める．k が最大となるのは(∗)がBを通るときで，k が最小となるのは(∗)がAを通るときである．

13. (1) 1人だけが勝つ確率 $\dfrac{4}{27}$，

2人が勝つ確率 $\dfrac{2}{9}$，

3人が勝つ確率 $\dfrac{4}{27}$，

引き分けになる確率 $\dfrac{13}{27}$

(2) $\dfrac{{}_nC_r}{3^{n-1}}$

(3)　$1-\dfrac{2^n-2}{3^{n-1}}$

▶(2)　n 人でジャンケンをしたとき，手の出し方の総数は 3^n 通り．

このうち，r 人 $(1 \leqq r < n)$ が勝つのは，勝者の選び方が ${}_n\mathrm{C}_r$ 通り，そのそれぞれに対し勝者の手の選び方が 3 通り，勝者の手を決めれば敗者の手も決まるから，${}_n\mathrm{C}_r \cdot 3$ (通り)

(3)　二項定理を利用する．

$$(1+x)^n=\sum_{r=0}^{n} {}_n\mathrm{C}_r x^r$$
$$=\sum_{r=1}^{n-1} {}_n\mathrm{C}_r x^r+(1+x^n)$$

これに，$x=1$ を代入する．

n 人でジャンケンをしたとき，引き分けになることの余事象は r 人 $(1 \leqq r < n)$ が勝つ事象であるから，その確率は，

$$1-\sum_{r=1}^{n-1} \frac{{}_n\mathrm{C}_r}{3^{n-1}}$$

14. (1)

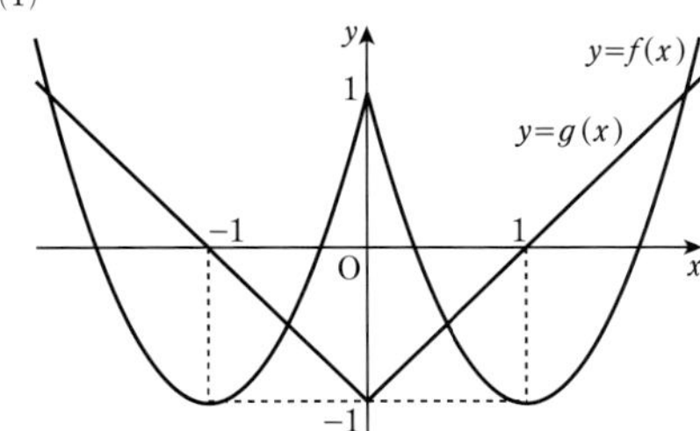

(2)　$a=\dfrac{25}{16}$

(3)　$\dfrac{3}{2} \leqq a \leqq \dfrac{25}{16}$

▶ 2 つの関数のグラフは，いずれも y 軸に関して対称である．

(1)　$a=1$ のときの $x \geqq 0$ におけるグラフをかき，y 軸に関して対称に移動したグラフとあわせればよい．

(2)　2 つのグラフが，

・$x>0$ の範囲にただ 1 つの共有点をもち，

・$x=0$ である共有点をもたない

条件を求めればよい．

$x>0$ において，

$$f(x)-g(x)=2\left\{a-\left(-x^2+\frac{5}{2}x\right)\right\}$$

$y=-x^2+\dfrac{5}{2}x$ $(x>0)$ のグラフと直線 $y=a$ の位置関係を調べる．

(3)　$x>0$ において，$f(x)=g(x)$ となる実数 x が存在し，その x の値がすべて

$1 \leqq x \leqq 3$

を満たす条件を求めればよい．

$y=-x^2+\dfrac{5}{2}x$ $(x>0)$ のグラフと直線 $y=a$ の x 座標がすべて $1 \leqq x \leqq 3$ の範囲にある条件を調べる．

15. ▶(1)　余弦定理より，$\cos B=\dfrac{9}{16}$ が得られる．この値と $\cos 45^\circ=\dfrac{1}{\sqrt{2}}$，$\cos 60^\circ=\dfrac{1}{2}$ の値を比較する．

(2)　余弦定理より，

$\cos A=\dfrac{1}{8}$，$\cos C=\dfrac{3}{4}$

が得られる．よって，

$$\cos 2C=2\cos^2 C-1=\frac{1}{8}=\cos A$$

(3)　(1)より，$120^\circ < A+C < 135^\circ$

これと(2)の結果より，

$120^\circ < 3C < 135^\circ$

16. (1)　$a_1=24$

(2)　$a_{n+1}=\dfrac{n+3}{n+1}a_n+\dfrac{6}{n+1}$

(3)　$a_n=\dfrac{9}{2}n^2+\dfrac{27}{2}n+6$

▶(1)　条件式において，$n=1$ とすると，

$$S_1=4\left(\frac{1}{3}a_1-2\right)$$

$S_1=a_1$ を用いて，a_1 を求める．

(2)　条件式より，

$$S_{n+1}=(n+4)\left(\frac{1}{3}a_{n+1}-2\right)$$
$$S_n=(n+3)\left(\frac{1}{3}a_n-2\right)$$

$S_{n+1}-S_n=a_{n+1}$ であることを用いる．

(3)　(2)で得られた漸化式の両辺を $(n+2)(n+3)$ で割ると，

$$\frac{a_{n+1}}{(n+2)(n+3)}$$
$$=\frac{a_n}{(n+1)(n+2)}+\frac{6}{(n+1)(n+2)(n+3)}$$

これより，$n=2, 3, 4,$ ……のとき

$$\frac{a_n}{(n+1)(n+2)}$$
$$=\frac{a_1}{2\cdot 3}+\sum_{k=1}^{n-1}\frac{6}{(k+1)(k+2)(k+3)}$$
$$=\frac{24}{2\cdot 3}+\sum_{k=1}^{n-1}3\left\{\frac{1}{(k+1)(k+2)}-\frac{1}{(k+2)(k+3)}\right\}$$

17. (1) $y=-8t^3+6\sqrt{3}\,t^2-2\sqrt{3}$

(2) $x=\frac{3}{2}\pi$ のとき，最大値 $4\sqrt{3}+8$，
$x=0,\ \pi$ のとき，最小値 $-2\sqrt{3}$

▶(1) $\sin 2x=2\sin x\cos x$
$\cos 2x=1-2\sin^2 x$
を利用する．

(2) $f(t)=-8t^3+6\sqrt{3}\,t^2-2\sqrt{3}$ とおく．
$0\leqq x<2\pi$ のとき，$-1\leqq t\leqq 1$
であり，この範囲における $f(t)$ の増減を調べる．

18. (1) $a=\frac{1}{2}$，$b=\frac{1}{2}$

(2) $\overrightarrow{\mathrm{OH}}=\left(\frac{1}{3},\ \frac{1}{3},\ \frac{2}{3}\right)$

(3) $V=\frac{2}{3}$，$S=\sqrt{6}$

(4) $r=\frac{4-\sqrt{6}}{5}$

▶(2) $\overrightarrow{\mathrm{OH}}\parallel\vec{v}$ より，k を実数として，
$\overrightarrow{\mathrm{OH}}=k\vec{v}=\left(\frac{k}{2},\ \frac{k}{2},\ k\right)$ とおける．

また，H は平面 ABC 上の点であるから，
$\overrightarrow{\mathrm{AH}}=s\overrightarrow{\mathrm{AB}}+t\overrightarrow{\mathrm{AC}}$（$s,\ t$ は実数）とおけて，
これより，
$$\overrightarrow{\mathrm{OH}}=\overrightarrow{\mathrm{OA}}+s\overrightarrow{\mathrm{AB}}+t\overrightarrow{\mathrm{AC}}$$
$$=(2s,\ 2t,\ 1-s-t)$$
よって，$\frac{k}{2}=2s$，$\frac{k}{2}=2t$，$k=1-s-t$

(3) $V=\frac{1}{3}\cdot\left(\frac{1}{2}\cdot 2\cdot 2\right)\cdot 1=\frac{2}{3}$

次に，(2)より，$|\overrightarrow{\mathrm{OH}}|=\frac{\sqrt{6}}{3}$ であるから，
$$V=\frac{1}{3}\cdot S\cdot|\overrightarrow{\mathrm{OH}}|=\frac{\sqrt{6}}{9}S=\frac{2}{3}$$

(4) $V=\frac{r}{3}(\triangle\mathrm{ABC}+\triangle\mathrm{OBC}+\triangle\mathrm{OCA}+\triangle\mathrm{OAB})$
が成り立つ．

19. $\frac{p^n-1}{p-1}$

▶ $(p^n)!$ が p で割り切れる回数を $f(n)$ とおくと，
$f(n)$
=「$(p^n)!$ を素因数分解したときの素因数 p の個数」
=「1，2，3，…，p^n に含まれる素因数 p の総数」
である．

また，1，2，3，…，p^n のうち，素因数 p を k 個（$1\leqq k\leqq n$）以上含むものは $\frac{p^n}{p^k}=p^{n-k}$ 個あるから，1，2，3，…，p^n のうち，素因数 p をちょうど k（$1\leqq k\leqq n-1$）個含むものは，k 個以上含むものから $k+1$ 個以上含むものを除いて，$p^{n-k}-p^{n-(k+1)}$ 個存在し，p をちょうど n 個含むものは 1 個存在する．

20. (1) $(6-2a)x+2y+(a^2-10)=0$

(2) 下図左の灰色の部分（境界を含む）．

(3) 下図右の灰色の部分（境界を含む）．

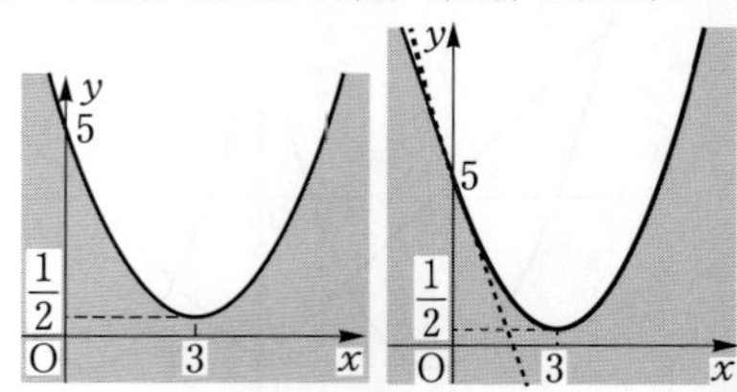

▶(1) 2 点 A，B から等距離にある点を P$(X,\ Y)$ とおくと，
AP=BP，すなわち，$\mathrm{AP}^2=\mathrm{BP}^2$

(2) (1)で求めたものが l の方程式である．
点 $(X,\ Y)$ が l の通過する領域に含まれる条件は，ある実数 a に対し，
$(6-2a)X+2Y+(a^2-10)=0$
が成り立つことである．

この式を a について整理すると，
$a^2-2Xa+(2Y+6X-10)=0$ ……(*)
であるから，$(X,\ Y)$ の満たす条件は，(*) が a の 2 次方程式として実数解をもつことである．
よって，(*) の判別式 $D\geqq 0$

(3) (2)と同様に考えると，$(X,\ Y)$ の満たすべき条件は，(*) が a の 2 次方程

式として $a \geqq 0$ の範囲に実数解をもつことである.
$(*)$ の左辺を $f(a)$ とおくと,
$f(a)=(a-X)^2+(2Y-X^2+6X-10)$
次の(i)~(iii)に場合分けをする.
(i) $(*)$ が $a=0$ を解にもつ条件
(ii) $(*)$ が $a>0$ と $a<0$ に解を1つずつもつ条件
(iii) $(*)$ が $a>0$ の範囲に解を2つもつ条件

21. $-8-6\sqrt{2} \leqq x^2y+xy^2-x^2-2xy-y^2+x+y \leqq 3$

▶ $x+y=u$, $xy=v$ とおく.
$x^2+xy+y^2=u^2-v$ であるから,
$u^2-v=6$
すなわち,
$v=u^2-6$ ……①
①を用いて与式を u で表すと,
$x^2y+xy^2-x^2-2xy-y^2+x+y$
$=u^3-u^2-5u$
これを $f(u)$ とおく.
ここで, x, y は t の2次方程式
$t^2-ut+v=0$ ……$(*)$
の2解であり, $(*)$ が実数解をもつ条件から,
$u^2-4v=u^2-4(u^2-6) \geqq 0$
となるので, u のとり得る値の範囲は,
$-2\sqrt{2} \leqq u \leqq 2\sqrt{2}$ ……②
である. ②における $f(u)$ の増減を考える.

22. (1) $\overline{z}=\dfrac{33}{2}$, $\overline{w}=-\dfrac{11}{2}$

(2) $s_z{}^2=\dfrac{297}{4}$, $s_w{}^2=\dfrac{33}{4}$

(3) $s_{zw}=-\dfrac{99}{4}$, $r_{zw}=-1$

▶ それぞれ次の式を導き, 代表値を求める.
(1) $\overline{z}=\overline{x}+\overline{y}$, $\overline{w}=\overline{x}-\overline{y}$
(2) $s_z{}^2=s_x{}^2+s_y{}^2+2s_{xy}$
$s_w{}^2=s_x{}^2+s_y{}^2-2s_{xy}$
(3) $s_{zw}=s_x{}^2-s_y{}^2$

23. (1) $a_1=1$
(2) $a_3=3$

▶ $n\left(\dfrac{1}{a_n}+\dfrac{1}{a_{n+1}}\right)<2$ ……①

$2+\dfrac{1}{a_{n+1}}<(n+1)\left(\dfrac{1}{a_n}+\dfrac{1}{a_{n+1}}\right)$ ……②

(1) ①と②でそれぞれ $n=1$ とする.
(2) ①と②でそれぞれ $n=2$ とする.
(3) $a_n=n$ ($n=1, 2, 3, \cdots$) と推定される. この推定が正しいことを数学的帰納法により示す.
[I] $n=1$ のとき, $a_1=1$,
$n=2$ のとき, $a_2=2$
であるから成り立つ.
[II] $n=k$ ($\geqq 2$) のとき,
$a_k=k$ であると仮定する.
このとき, ①と②でそれぞれ $n=k$ とした式をつくり, a_{k+1} は,
$k<a_{k+1}<k+1+\dfrac{1}{k-1}$
を満たす正の整数であることを示し, $a_{k+1}=k+1$ を導く.

24. (1) $\dfrac{3+\sqrt{17}}{2}<x<\dfrac{5+\sqrt{17}}{2}$

(2) $-4<a<0$, $a>\dfrac{9}{4}$

(3) $b<-4$, $b \geqq 0$

▶(3) $x<0$, $x \geqq 4$ のときと, $0<x \leqq 4$ のときに場合分けして求める.

25. (1) 1 ($-1<a \leqq 0$ のとき)
$\sqrt{1-a^2}$ ($0<a<1$ のとき)

(2) $\sqrt{2}$ $\left(-1<a \leqq -\dfrac{1}{\sqrt{2}}\text{ のとき}\right)$

$\sqrt{1-a^2}-a$ $\left(-\dfrac{1}{\sqrt{2}}<a<1\text{ のとき}\right)$

▶ 2つの不等式
$x^2+y^2 \leqq 1$, $x \geqq a$
を満たす xy 平面上の領域を D とする.
(1) D を図示することにより, y の最大値を求める.
(2) D と直線 $y-x=k$ が共有点をもつ k の最大値を求めることにより, $y-x$ の最大値を求める.

26. (1) $y=(4+3a+2b)x-3-2a-b$
(2) $a=2$, $b=-3$
(3) $\dfrac{81}{10}$

▶(1) $f'(x)=4x^3+3ax^2+2bx$
より, l の方程式は,
$y=(4+3a+2b)(x-1)+1+a+b$
(2) 条件は, l 上に $(-2, f(-2))$ があり, $f'(-2)$ が l の傾きと一致することである.

(3) (2)のとき，l：$y=4x-4$ であり，
$f(x)-(4x-4)=(x+2)^2(x-1)^2$
求める面積 S は，
$S=\int_{-2}^{1}(x+2)^2(x-1)^2dx$

27. (1) $(-2p,\ -8p^3+2sp)$

(2) $x_n=2\left(-\frac{1}{2}\right)^{n-1}$

$y_n=8\left(-\frac{1}{8}\right)^{n-1}-2s\left(-\frac{1}{2}\right)^{n-1}$

▶(1) l の方程式は，
$y=(3p^2-s)x-2p^3$
となる．これと $y=f(x)$ から y を消去して，共有点の x 座標を求めると，
$x^3-sx=(3p^2-s)x-2p^3$
$(x-p)^2(x+2p)=0$
$x=p,\ -2p$

(2) 点 $R_{n+1}(x_{n+1},\ f(x_{n+1}))$ における C の接線の方程式は，
$y=(3x_{n+1}{}^2-s)x-2x_{n+1}{}^3$
となる．(1)と同様にして，これと $y=f(x)$ から y を消去して，共有点の x 座標を求めると，
$x=x_{n+1},\ -2x_{n+1}$
点 R_{n+1} における C の接線と C の共有点で，R_{n+1} と異なる点が R_n であるから，
$x_n=-2x_{n+1}$

28. (1) $a_{46}=50,\ a_{82}=100$

(2) $n=1477$

(3) $b_1=3564$

(4) $\sum_{m=1}^{9}b_m=323676$

▶ a_n は，整数 $n-1$ を9進法で表記し，それを改めて10進法として読んだものである．

(1) $45=50_{(9)}$ より，$a_{46}=50$
$81=100_{(9)}$ より，$a_{82}=100$

(2) $2020_{(9)}=1476$ より，$a_{1477}=2020$

(3) $b_1=a_1+a_2+\cdots\cdots+a_{81}$
$a_{81}=88$ であり，a_1 から a_{81} は，一の位にも十の位にも，0から8までの数字がどれも9回ずつ現れる．
よって，
$b_1=(10+1)\cdot 9\sum_{k=0}^{8}k=11\cdot 9\cdot\frac{8\cdot 9}{2}$

(4) $b_2,\ b_3,\ \cdots\cdots,\ b_9$ は，b_1 で和をとった81個の a_n の項それぞれに，百の位として，1，2，……，8をつけ加えて和をとったものだから，
$b_m=b_1+81\cdot 100(m-1)$
$(m=2,\ 3,\ 4,\ \cdots\cdots,\ 9)$
よって，
$\sum_{m=1}^{9}b_m=9b_1+81\sum_{k=1}^{8}100k$
$=3564\cdot 9+8100\cdot\frac{8\cdot 9}{2}$

29. (1) $0\leqq t\leqq 2$

(2) t^2-2

(3) $k=1$

▶(1) $t=2\sin\left(\theta+\frac{\pi}{3}\right)$
と
$\frac{\pi}{3}\leqq\theta+\frac{\pi}{3}\leqq\pi$
から，t のとり得る値の範囲は，
$0\leqq t\leqq 2$

(2) $t^2=\frac{1-\cos 2\theta}{2}+\sqrt{3}\sin 2\theta+3\cdot\frac{1+\cos 2\theta}{2}$
$=\sqrt{3}\sin 2\theta+\cos 2\theta+2$
よって，
$\sqrt{3}\sin 2\theta+\cos 2\theta=t^2-2$

(3) (2)より，
$f(\theta)=t^2-2kt+4$ ($=g(t)$ とおく)
$g(t)$ の $0\leqq t\leqq 2$ における最大値を M，最小値を m とおくと，$M-m$ が最小になる k を求めればよい．

$$M=\begin{cases}-4k+8 & (k\leqq 1)\\ 4 & (k\geqq 1)\end{cases}$$

$$m=\begin{cases}4 & (k\leqq 0)\\ -k^2+4 & (0\leqq k\leqq 2)\\ -4k+8 & (k\geqq 2)\end{cases}$$

これより，

$$M-m=\begin{cases}-4k+4 & (k\leqq 0)\\ (k-2)^2 & (0\leqq k\leqq 1)\\ k^2 & (1\leqq k\leqq 2)\\ 4k-4 & (k\geqq 2)\end{cases}$$

よって，$M-m$ を最小にする k は，
$k=1$

30. (1)　$t=\dfrac{5}{4}$　　(2)　$\dfrac{3}{4}\sqrt{3}-\dfrac{\pi}{3}$

▶(1)　C_2 の方程式は，$x^2+(y-t)^2=1$

これと C_1 の方程式から x^2 を消去して，

$y+(y-t)^2=1$

$y^2-(2t-1)y+t^2-1=0$　……(＊)

正の y に対し，共有点が2つ得られるので，条件は(＊)が重解をもつことである．

(2)　C_2 の中心を P，C_1 と C_2 の共有点を Q，R，また，Q，R から x 軸に下ろした垂線の足を Q′，R′ とする．

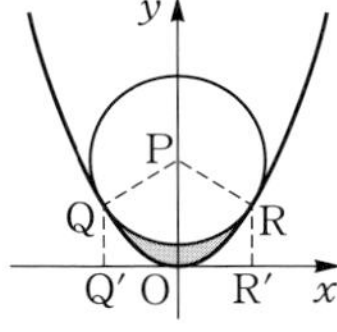

求める面積 S は，R の x 座標を α とすると，

S ＝(長方形 QQ′R′R)＋△PQR

$-$(扇形 PQR)$-2\displaystyle\int_0^{\alpha} x^2dx$

ここで，Q，R の y 座標は，$t=\dfrac{5}{4}$ のときの(＊)の重解であるから，

$y=\dfrac{3}{4}$ であり，$\mathrm{Q}\left(-\dfrac{\sqrt{3}}{2},\ \dfrac{3}{4}\right)$，

$\mathrm{R}\left(\dfrac{\sqrt{3}}{2},\ \dfrac{3}{4}\right)$ である．

31. (2)　$2:(\sqrt{5}-1)$

(3)　$\overrightarrow{\mathrm{CD}}=-\vec{a}+\dfrac{\sqrt{5}-1}{2}\vec{b}$

▶(1)　∠CAD＝∠ACB＝36° より，BC//AD

(2)　CF$=x$ とおくと，

AD＝AC＝$1+x$

△AFD ∽ △CFB より，

AF：AD＝CF：CB

$1:(1+x)=x:1$

これより，$x^2+x-1=0$

32. 4

▶ $7^2<50$ と $2400<7^4$ を利用することにより，$\log_{10}7$ の小数点以下第2位の値を求める．

33. (1)　右の図

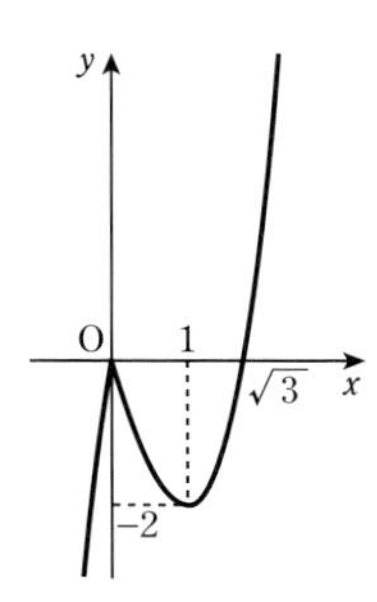

(2)　$a<0$，$2<a$

(3)　$b=-16$，$y=15x$

▶(1)　$f(x)=x^3-3|x|=\begin{cases}x^3-3x & (x\geqq 0)\\ x^3+3x & (x\leqq 0)\end{cases}$

よって，

$f'(x)=\begin{cases}3x^2-3 & (x>0)\\ 3x^2+3 & (x<0)\end{cases}$

であり，$f(x)$ の増減は次のようになる．

x	…	0	…	1	…
$f'(x)$	＋		－	0	＋
$f(x)$	↗	0	↘	−2	↗

これより，$y=f(x)$ のグラフをかく．

(2)　$y=f(x)$ のグラフと直線 $y=-a$ がただ1点を共有するから，

$-a<-2$，$0<-a$

よって，

$a<0$，$2<a$

(3)　$y=f(x)+b$ について，$y'=f'(x)$ であり，題意の接線の傾きは，

$f'(-2)=3(-2)^2+3=15$

この接線が原点を通るとき，その方程式は，

$y=15x$

であり，点 $(-2,\ -30)$ を通る．

よって，b の満たすべき条件は，

$f(-2)+b=-30$

であり，$-14+b=-30$ より，$b=-16$

34. (3)　$(a,\ b)=(1,\ 1)$，$(2,\ 3)$

▶(1)　$a\leqq 0$ とすると，

$2^b\leqq 0$

となり，$2^b>0$ に反する．

また，$b\leqq 0$ とすると，

$3^a\leqq 2$

となり，$3^a\geqq 3$（$a>0$ より）に反する．

(2) $3^a=\begin{cases}(4の倍数)+1\ (aが偶数のとき)\\(4の倍数)-1\ (aが奇数のとき)\end{cases}$

であるから，a は偶数である．

(3) $b=1$ のとき，$a=1$ である．

$b>1$ のとき，a は正の偶数だから，

$a=2m$（m は正の整数）

とおくことができて，①は，

$(3^m+1)(3^m-1)=2^b$

と因数分解される．

これを解くことにより，

$(a,\ b)=(2,\ 3)$

である．

35. ▶(1)(i) x が5の倍数のとき

x^2 を5で割った余りは0

(ii) x が5で割って1または4余るとき

x^2 を5で割った余りは1

(iii) x が5で割って2または3余るとき

x^2 を5で割った余りは4

(2) (1)より，等式 $x^2+5y=2z^2$ の左辺を5で割った余りは，0，1，4のいずれか．

また，z^2 を5で割った余りも0，1，4のいずれかであることから，等式の右辺を5で割った余りは，0，2，3のいずれか．したがって，等号が成立するとき，左辺，右辺を5で割った余りは，いずれも0に限る．

このとき，x^2，z^2 はともに5の倍数であり，x，z はともに5の倍数であるから，

$x=5A$，$z=5C$（A，C は自然数）

と表される．方程式に代入して変形し，y も5の倍数であることを示す．

(3) (2)より，$x^2+5y^2=2z^2$ を満たす自然数 x，y，z の組が存在すると仮定すれば，

$x=5A$，$y=5B$，$z=5C$

（A，B，C は自然数）

と表される．方程式に代入して，

$25A^2+125B^2=50C^2$

$A^2+5B^2=2C^2$

A，B，C もすべて5の倍数となり，

$A=5A'$，$B=5B'$，$C=5C'$

（A'，B'，C' は自然数）

と表されることになる．

この操作を限りなく続けることができるから，x，y，z は5で何回も割り切れることになるが，この性質をもつ自然数は存在しない．

36. (1) $\begin{cases}a_{n+1}=3a_n+7b_n\\b_{n+1}=a_n+3b_n\end{cases}$

(3) 1

▶(1) 条件式より，

$a_{n+1}+b_{n+1}\sqrt{7}$

$=(3+\sqrt{7})^{n+1}$

$=(3+\sqrt{7})(3+\sqrt{7})^n$

$=(3+\sqrt{7})(a_n+b_n\sqrt{7})$

$=(3a_n+7b_n)+(a_n+3b_n)\sqrt{7}$

(2) $(3-\sqrt{7})^n=a_n-b_n\sqrt{7}$ …… (*)

を数学的帰納法により示す．

(I) $n=1$ のとき

条件式より，$a_1=3$，$b_1=1$ であるから，$a_1-b_1\sqrt{7}=3-\sqrt{7}$ である．

(II) $n=k$ のとき (*) が成り立つと仮定する．

$(3-\sqrt{7})^k=a_k-b_k\sqrt{7}$ であるから，

$(3-\sqrt{7})^{k+1}=(3-\sqrt{7})(3-\sqrt{7})^k$

$=(3-\sqrt{7})(a_k-b_k\sqrt{7})$

$=(3a_k+7b_k)-(a_k+3b_k)\sqrt{7}$

$=a_{k+1}-b_{k+1}\sqrt{7}$

$n=k+1$ のときも (*) は成り立つ．

(3) 条件式と(2)より，

$(a_n+b_n\sqrt{7})(a_n-b_n\sqrt{7})$

$=(3+\sqrt{7})^n(3-\sqrt{7})^n$

${a_n}^2=7{b_n}^2+2^n$ ……①

が成り立ち，b_n は整数であるから，${a_n}^2$ を7で割った余りと 2^n を7で割った余りは一致する．n が3の倍数のとき，2^n を7で割った余りを求める．

(4) $a_1=3$，$b_1=1$ および(1)の漸化式より，帰納的に a_n，b_n は正の整数であるから，

$(3+\sqrt{7})^n=a_n+b_n\sqrt{7}$

$=\sqrt{{a_n}^2}+\sqrt{7{b_n}^2}$

①を用いて結論を導く．

37. (1) $AB=\dfrac{p^2+1}{2}$, $CA=\dfrac{p^2-1}{2}$

▶(1) a, b ($a>b$) を正の整数として，
$AB=a$, $CA=b$ とおくと，
$a^2=b^2+p^2$
より，
$(a-b)(a+b)=p^2$
p は素数で，$0<a-b<a+b$ であるから，$(a-b,\ a+b)=(1,\ p^2)$ に限る.

(2) (1)より，
$\tan\angle A=\dfrac{2p}{p^2-1}$, $\tan\angle B=\dfrac{p^2-1}{2p}$
つまり，
$(p-1)(p+1)(\tan\angle A)=2p$ ……①
$p(p-2\tan\angle B)=1$ ……②
$\tan\angle A$, $\tan\angle B$ が整数であるとすると，①では，左辺は4の倍数，右辺は4の倍数でないので不適.
また，②では，1が p の倍数となり不適.

38. (1) $Q\left(\dfrac{4x}{x^2+y^2},\ \dfrac{4y}{x^2+y^2}\right)$

(2) 直線 $2x+3y=2$

▶(1) $\overrightarrow{OQ}=k\overrightarrow{OP}$ ($k>0$) と表せる.
よって，
$OP\cdot OQ=|\overrightarrow{OP}||\overrightarrow{OQ}|=k|\overrightarrow{OP}|^2=4$
$k=\dfrac{4}{|\overrightarrow{OP}|^2}=\dfrac{4}{x^2+y^2}$

(2) $Q(X,\ Y)$ とおいて，X, Y が満たす関係式を導く. (1)より，同様にして，
$x=\dfrac{4X}{X^2+Y^2}$, $y=\dfrac{4Y}{X^2+Y^2}$ ……①
が得られる. $P(x,\ y)$ は，
$(x-2)^2+(y-3)^2=13$
すなわち，
$x^2+y^2-4x-6y=0$ ……②
を満たすから，①を②に代入する.

39. 104回

▶ボタンを1回押して，「はずれ」の確率を p ($0\leqq p\leqq 1$) とする.
条件より，
$p^{20}=\dfrac{64}{100}$
である. これより，
$\log_{10}p=\dfrac{1}{10}(3\log_{10}2-1)$ ……(*)
である.
求める回数を n とすると，同様にして，
$p^n\leqq\dfrac{1}{10}$
を満たす. これより，
$n\log_{10}p\leqq -1$
$n\geqq\dfrac{10}{1-3\log_{10}2}$ ((*)より)
また，
$0.3010<\log_{10}2<0.3011$
であるから，
$103<\dfrac{10}{1-3\log_{10}2}<104$
よって，自然数 n の最小値は104であり，ボタンを最低104回押せばよい.

40. 576通り

▶上から1行目の4マスの入れ方は，1, 2, 3, 4の順列であり，$4!=24$(通り)

1	2	3	4

の場合を考える.
左から1列目の4マスの入れ方は，1, 2, 3, 4の順列である.
一番上は1に定まっているから，残りの3マスは2, 3, 4の順列であり，$3!=6$(通り)
右の場合を考える.

1	2	3	4
2	A	B	C
3	D	E	F
4	G	H	I

Aに入る数字は，1, 3, 4のいずれか.

(i) Aに1を入れるとき
B→4, C→3, D→4, G→3
となり，入れ方は，以下の2通り.

1	2	3	4
2	1	4	3
3	4	1	2
4	3	2	1

1	2	3	4
2	1	4	3
3	4	2	1
4	3	1	2

(ii) Aに3を入れるとき
C→1, B→4,
G→1, D→4
となり，入れ方は，右の1通り.

1	2	3	4
2	3	4	1
3	4	1	2
4	1	2	3

(iii) Aに4を入れるとき
B→1, C→3,
D→1, G→3
となり，入れ方は，右の1通り.

1	2	3	4
2	4	1	3
3	1	4	2
4	3	2	1

41. (1) $a_2=1-2p+2p^2$, $c_2=2p(1-p)$

(2) $a_{n+2}=(1-2p+2p^2)a_n+2p(1-p)c_n$

$c_{n+2}=2p(1-p)a_n+(1-2p+2p^2)c_n$

(3) $a_n=\dfrac{1}{2}\{1+(1-2p)^n\}$, $c_n=\dfrac{1}{2}\{1-(1-2p)^n\}$

▶(1) 点Pが2秒後に頂点Aにいるのは,

A → O → A, または, A → B → A

の順にPが移動した場合.

点Pが2秒後に頂点Cにいるのは,

A → O → C, または, A → B → C

の順にPが移動した場合.

(2) 点Pが最初に頂点Aにいるとき, n 秒後 ($n \geqq 1$) に頂点O, Bにいる確率をそれぞれ g_n, b_n とすると,

$$\begin{cases} a_{n+1}=p\cdot g_n+(1-p)\cdot b_n \\ b_{n+1}=(1-p)\cdot a_n+p\cdot c_n \\ c_{n+1}=(1-p)\cdot g_n+p\cdot b_n \\ g_{n+1}=p\cdot a_n+(1-p)\cdot c_n \end{cases}$$

が成り立つ. これらの式を用いて, a_{n+2}, c_{n+2} を a_n, c_n で表す.

(3) (2)より,

$$\begin{cases} a_{n+2}+c_{n+2}=a_n+c_n \\ a_{n+2}-c_{n+2}=(1-2p)^2(a_n-c_n) \end{cases}$$

であり, $n=2m$ (m は正の整数) とすると,

$$\begin{cases} a_{2(m+1)}+c_{2(m+1)}=a_{2m}+c_{2m} \\ a_{2(m+1)}-c_{2(m+1)}=(1-2p)^2(a_{2m}-c_{2m}) \end{cases}$$

が得られる.

42. (1) $\sqrt{13}$

(2) $\dfrac{13\sqrt{3}}{4}$

(3) $\dfrac{3\sqrt{3}+2\sqrt{13}}{4}$

▶(1) $|\vec{a}|^2=1$ と $|\vec{a}+\vec{b}|^2=7$ より,

$2\vec{a}\cdot\vec{b}+|\vec{b}|^2=6$ ……①

また, $|\vec{a}|^2=1$ と $|2\vec{a}+\vec{b}|^2=7$ より,

$4\vec{a}\cdot\vec{b}+|\vec{b}|^2=3$ ……②

①, ②より,

$\vec{a}\cdot\vec{b}=-\dfrac{3}{2}$, $|\vec{b}|=3$

これを

$|\overrightarrow{AB}|^2=|\vec{b}-\vec{a}|^2=|\vec{b}|^2-2\vec{a}\cdot\vec{b}+|\vec{a}|^2$

に代入する.

(2) $\cos\angle AOB=\dfrac{\vec{a}\cdot\vec{b}}{|\vec{a}||\vec{b}|}=-\dfrac{1}{2}$

であるから, $\angle AOB=120^\circ$

よって, Pが三角形OABの外接円のOを含まない方の弧 $\overset{\frown}{AB}$ 上を動くとき, $\angle APB=60^\circ$ であり, 三角形PABの面積が最大となるのは, PがOを含まない方の弧 $\overset{\frown}{AB}$ の中点となるときである.

(3) OからABに下ろした垂線の足をHとする. 三角形QABのABを底辺とみると, 高さの最大値はOH＋1である.

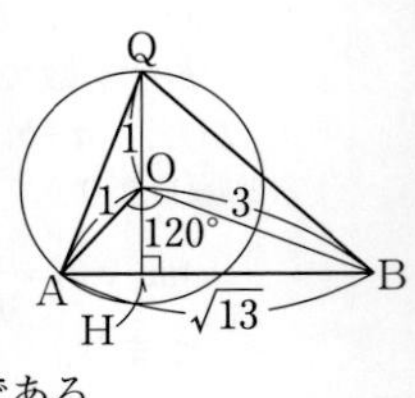

43. (2) $\dfrac{1-\sqrt{5}}{2}\leqq k\leqq\dfrac{1+\sqrt{5}}{2}$

(3) $0<k\leqq 1$

▶(1) $f(3)=2k^2-7k+8$

$=2\left(k-\dfrac{7}{4}\right)^2+\dfrac{15}{8}>0$

(3) 条件を満たす $f(x)$ のグラフは x 軸と異なる2点で交わるので,

$\dfrac{1-\sqrt{5}}{2}<k<\dfrac{1+\sqrt{5}}{2}$

より, 軸 $x=k$ は $x<2$ の範囲にある. また, $f(3)>0$ も合わせると, $f(n)<0$ を満たす正の整数 n は1または2に限る.

(i) $n=1$ のとき, 条件は,

$f(1)<0$ かつ $f(2)\geqq 0$

(ii) $n=2$ のとき, 条件は,

$f(2)<0$ かつ $f(1)\geqq 0$

(この場合は不適.)

44. (1) $(x, y)=(1, 1)$

(2) $0<x<6$, $6<x\leqq 8$

(3) $(x, y, z)=(2, 2, 8)$, $(2, 8, 2)$, $(8, 2, 2)$

▶(1) 相加平均・相乗平均の大小関係から,

$\sqrt{xy}\leqq\dfrac{x+y}{2}=\dfrac{2}{2}=1$

つまり,

$xy\leqq 1$

等号成立は, $x=y=1$ のときであるから, R の面積を最大とする x, y は,

$(x, y)=(1, 1)$

(2) $\begin{cases} y+z=12-x \\ yz=x^2-12x+36 \end{cases}$

であるから，y，z は t の2次方程式

$$t^2-(12-x)t+x^2-12x+36=0 \quad \cdots\cdots(*)$$

の2解である．

$y>0$，$z>0$ より，(*) の2解がともに正となる $x(>0)$ の値の範囲を求めればよい．

(3) 直方体 C の体積を V とすると，

$$V=x^3-12x^2+36x \ (=f(x) とおく)$$

(2)より，x の値の範囲は $0<x<6$，$6<x\leqq 8$ であるから，

$$f(x) \ (0<x<6,\ 6<x\leqq 8)$$

の最大を考えればよい．

V を最大にする x の値は，$x=2$，8 であり，このとき (*) はそれぞれ

$$t^2-10t+16=0,\quad t^2-4t+4=0$$

となり，これらの2解が y，z であるから，V を最大にする x，y，z は，

$$(x,\ y,\ z)=(2,\ 2,\ 8),\ (2,\ 8,\ 2),\ (8,\ 2,\ 2)$$

45. (1) $1<a<5$

(2) $\dfrac{13}{9}$

▶(1) $x^2-4x+5-a=0 \quad \cdots\cdots(*)$

が $x>0$ の範囲に異なる2つの実数解をもつ条件から求める．

(2) (*) の正の2解を α，β $(0<\alpha<\beta)$ とすると，C と l で囲まれた2つの部分の面積が等しくなる条件は，

$$\int_0^\beta \{f(x)-ax\}dx=0$$

である．これを解く．

46. (1) $\vec{a}\cdot\vec{b}=-\dfrac{3}{2}$，$\vec{a}\cdot\vec{c}=-2$，$\vec{b}\cdot\vec{c}=\dfrac{21}{2}$

(2) $x=-\dfrac{1}{15}$，$y=\dfrac{52}{45}$

(3) ウ

(4) 鈍角

▶(1) $\cos\angle AOB$，$\cos\angle AOC$，$\cos\angle BOC$ は，余弦定理から求める．

(2) $\overrightarrow{OP}=x\vec{a}+y\vec{b}$ より，$\overrightarrow{CP}=x\vec{a}+y\vec{b}-\vec{c}$

$\overrightarrow{CP}\perp\vec{a}$ より，$\overrightarrow{CP}\cdot\vec{a}=0$

これより，

$$4x-\frac{3}{2}y+2=0 \quad \cdots\cdots①$$

が得られる．

$\overrightarrow{CP}\perp\vec{b}$ より，$\overrightarrow{CP}\cdot\vec{b}=0$

これより，

$$-\frac{3}{2}x+9y-\frac{21}{2}=0 \quad \cdots\cdots②$$

が得られる．①，②を解く．

(3) (2)より，

$$\overrightarrow{OP}=-\frac{1}{15}\vec{a}+\frac{52}{45}\vec{b}=\frac{-3\vec{a}+52\vec{b}}{45}$$

$$=\frac{-3\vec{a}+52\vec{b}}{52+(-3)}\cdot\frac{49}{45}$$

と表せるので，線分 AB を 52：3 に外分した点を Q とすると，

$$\overrightarrow{OP}=\frac{49}{45}\overrightarrow{OQ}$$

となり，これより，点 P は線分 OQ を 49：4 に外分する点であることがわかる．

(4) (3)より，平面 H 上において，点 P は直線 AB に関して点 O の逆側にあるので，なす角は鈍角である．

47. (1) $\dfrac{1}{8}$

(2) $\dfrac{1}{2}$

(3) $\dfrac{1}{4}$

▶(1) A のカードが2枚残るのは，3人とも (A，B 両方のカードが残っている状態で) B のカードを持ち帰った場合である．

(2) B のカードが2枚残るのは，3人のうち2人が A のカードを，残り1人が B のカードを持ち帰った場合である．持ち帰ったカードの順番で場合分けをする．

(i) A，A，B の順のとき，

確率は，$\left(\dfrac{1}{2}\right)^2\cdot 1=\dfrac{1}{4}$

(ii) A，B，A の順のとき，

確率は，$\left(\dfrac{1}{2}\right)^3=\dfrac{1}{8}$

(iii) B，A，A の順のとき，

確率は，$\left(\dfrac{1}{2}\right)^3=\dfrac{1}{8}$

(3) B のカードが2枚残る事象を E，1番目の人が B のカードを持ち帰る事象を F とおくと，求める確率は $P_E(F)$ であり，(2)より，

$$P(E)=\frac{1}{2},\quad P(E\cap F)=\frac{1}{8}$$

である.

48. (1) $(b-a-3)(b+2a-4)<0$

領域は次図の灰色の部分で，境界は含まない.

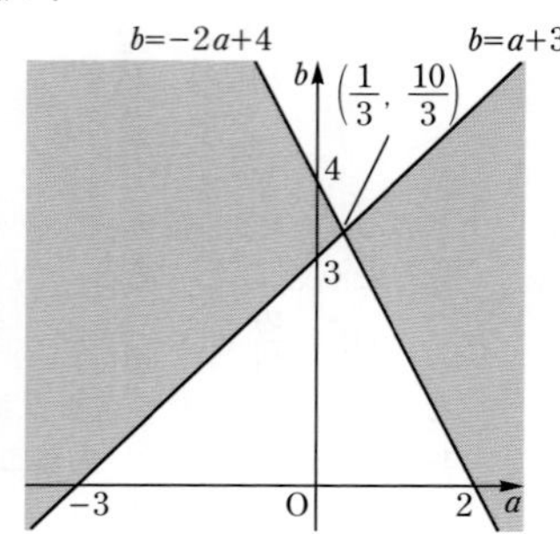

(2) $a^2+b^2>\frac{16}{5}$

▶(1) 放物線 $y=x^2+ax+b$ により，xy 平面は2つの領域

D_1 : $y>x^2+ax+b$,

D_2 : $y<x^2+ax+b$

に分割される.

$f(x,\ y)=x^2+ax+b-y$ とおくと，D_1 は $f(x,\ y)<0$ となる領域，D_2 は $f(x,\ y)>0$ となる領域であり，

$f(-1,\ 4)f(2,\ 8)<0$

と表される.

(2) 円 $a^2+b^2=k$ が(1)の領域と共有点をもつような k の値の範囲を求める.

49. ▶(1) 数学的帰納法により示す.

a_k と a_{k+1} の最大公約数が1のとき，a_{k+1} と a_{k+2} の最大公約数を g とすると，a_{k+1}，a_{k+2} はともに g の倍数であるから，$a_k=a_{k+2}-a_{k+1}$ も g の倍数であり，g は a_k，a_{k+1} の公約数となることから，$g=1$ を導く.

(2) $(-1)^n(a_{n+1}{}^2-a_{n+2}a_n)=d_n$ とおいて，$d_{n+1}-d_n$ を計算し，これが0であることを示す.

(3) $b_{n+1}-b_n$ の符号を調べる.

50. (1) $t=2$，$u=-4$

(2) 中心の座標 $\left(-\frac{3}{2},\ -\frac{5}{2},\ \frac{5}{2}\right)$，半径 $\frac{\sqrt{59}}{2}$

(3) $k=\frac{5\pm\sqrt{31}}{2}$

▶(1) $\angle\mathrm{AOP}=90^\circ$ より，$\overrightarrow{\mathrm{OA}}\cdot\overrightarrow{\mathrm{OP}}=0$ であるから，

$0\cdot t+1\cdot u+2\cdot t=0$

$\mathrm{OP}=2\sqrt{6}$ より，

$\sqrt{t^2+u^2+t^2}=2\sqrt{6}$

これらから t，u の値を求める.

(2) S の中心を $\mathrm{C}(a,\ b,\ c)$，半径を $r\ (r>0)$ とすると，$\mathrm{OC}=\mathrm{AC}=\mathrm{BC}=\mathrm{PC}=r$ より，

$$\begin{cases}a^2+b^2+c^2=r^2\\ a^2+(b-1)^2+(c-2)^2=r^2\\ (a-2)^2+(b+1)^2+(c-3)^2=r^2\\ (a-2)^2+(b+4)^2+(c-2)^2=r^2\end{cases}$$

(3) (2)より S の方程式は，

$$\left(x+\frac{3}{2}\right)^2+\left(y+\frac{5}{2}\right)^2+\left(z-\frac{5}{2}\right)^2=\frac{59}{4}$$

であるから，S と平面 $z=k$ が交わってできる円の方程式は，

$$\begin{cases}\left(x+\frac{3}{2}\right)^2+\left(y+\frac{5}{2}\right)^2+\left(z-\frac{5}{2}\right)^2=\frac{59}{4}\\ z=k\end{cases}$$

いろいろな式

●３次の展開と因数分解

$(a+b)^3=a^3+3a^2b+3ab^2+b^3$
$(a-b)^3=a^3-3a^2b+3ab^2-b^3$
$(a+b)(a^2-ab+b^2)=a^3+b^3$
$(a-b)(a^2+ab+b^2)=a^3-b^3$

●商と余り

整式 A を整式 B で割ったときの商を Q，余りを R とすると，

$A=BQ+R$　（R の次数）＜（B の次数）

●二項定理

$(a+b)^n={}_n\mathrm{C}_0a^n+{}_n\mathrm{C}_1a^{n-1}b+{}_n\mathrm{C}_2a^{n-2}b^2+\cdots$
$+{}_n\mathrm{C}_ra^{n-r}b^r+\cdots+{}_n\mathrm{C}_{n-1}ab^{n-1}+{}_n\mathrm{C}_nb^n$

●相加平均と相乗平均の関係

$a>0$，$b>0$ のとき，$\dfrac{a+b}{2}\geqq\sqrt{ab}$

（等号が成り立つのは，$a=b$ のとき）

●負の数の平方根

$a>0$ のとき，$\sqrt{-a}=\sqrt{a}\,i$

●２次方程式の解の種類の判別

・２次方程式 $ax^2+bx+c=0$ の判別式 $D=b^2-4ac$ について，

$D>0\Longleftrightarrow$ 異なる２つの実数解をもつ
$D=0\Longleftrightarrow$ 重解（１つの実数解）をもつ
$D<0\Longleftrightarrow$ 異なる２つの虚数解をもつ

●２次方程式の解と係数の関係

・２次方程式 $ax^2+bx+c=0$ の２つの解を α，β とすると，$\alpha+\beta=-\dfrac{b}{a}$，$\alpha\beta=\dfrac{c}{a}$

●剰余の定理と因数定理

・整式 $P(x)$ を $x-a$ で割ったときの余りは，$P(a)$ である。
・$P(a)=0\Longleftrightarrow P(x)$ は $x-a$ で割り切れる。

図形と方程式

●内分点・外分点

２点 $\mathrm{A}(x_1,\ y_1)$，$\mathrm{B}(x_2,\ y_2)$ について，

・線分 AB を $m:n$ に内分する点の座標は，

$\left(\dfrac{nx_1+mx_2}{m+n},\ \dfrac{ny_1+my_2}{m+n}\right)$

・線分 AB を $m:n$ に外分する点の座標は，

$\left(\dfrac{-nx_1+mx_2}{m-n},\ \dfrac{-ny_1+my_2}{m-n}\right)$

●点と直線の距離

点 $(x_1,\ y_1)$ と直線 $ax+by+c=0$ の距離は，

$\dfrac{|ax_1+by_1+c|}{\sqrt{a^2+b^2}}$

●円の方程式，円の接線の方程式

・中心 $(a,\ b)$，半径 r の円の方程式は，

$(x-a)^2+(y-b)^2=r^2$

・円 $x^2+y^2=r^2$ 上の点 $(x_1,\ y_1)$ における接線の方程式は，$x_1x+y_1y=r^2$

いろいろな関数

●加法定理（複号同順）

$\sin(\alpha\pm\beta)=\sin\alpha\cos\beta\pm\cos\alpha\sin\beta$
$\cos(\alpha\pm\beta)=\cos\alpha\cos\beta\mp\sin\alpha\sin\beta$
$\tan(\alpha\pm\beta)=\dfrac{\tan\alpha\pm\tan\beta}{1\mp\tan\alpha\tan\beta}$

●２倍角の公式

$\sin2\alpha=2\sin\alpha\cos\alpha$
$\cos2\alpha=\cos^2\alpha-\sin^2\alpha$
$=2\cos^2\alpha-1=1-2\sin^2\alpha$
$\tan2\alpha=\dfrac{2\tan\alpha}{1-\tan^2\alpha}$

●三角関数の合成

$a\sin\theta+b\cos\theta=\sqrt{a^2+b^2}\sin(\theta+\alpha)$

ただし，$\cos\alpha=\dfrac{a}{\sqrt{a^2+b^2}}$, $\sin\alpha=\dfrac{b}{\sqrt{a^2+b^2}}$

●指数法則

$a>0$，$b>0$ で，p，q が有理数のとき，

$a^p\times a^q=a^{p+q}$，$a^p\div a^q=a^{p-q}$，
$(a^p)^q=a^{pq}$，$(ab)^p=a^pb^p$

●対数の性質（$a>0, a\neq1, M>0, N>0$）

$\log_aM=p\Longleftrightarrow M=a^p$
$\log_aMN=\log_aM+\log_aN$
$\log_a\dfrac{M}{N}=\log_aM-\log_aN$
$\log_aM^r=r\log_aM$
$\log_ab=\dfrac{\log_cb}{\log_ca}$ $(b>0, c>0, c\neq1)$

微分・積分

●微分法の公式（n は正の整数，k は定数）

$(x^n)'=nx^{n-1}, (k)'=0, \{kf(x)\}'=kf'(x)$
$\{f(x)\pm g(x)\}'=f'(x)\pm g'(x)$（複号同順）